行水云课数字教材

高等职业教育土建类新形态一体化教材

PC 装配式
建筑识图与构造

主　编　蒋沛伶　杨海平

副主编　叶　珊　陈　剑　竹宇波

　　　　顾　政　刘杲劼　刘　洋

　　　　倪　斌

U0238232

中国水利水电出版社
www.waterpub.com.cn
·北京·

内 容 提 要

　　本书是装配式建筑新形态系列教材之一，主要介绍了预制混凝土楼板、预制剪力墙、预制楼梯和预制阳台各构件的分类、构造特点以及连接处的构造。以培养学生具有装配式建筑结构识图能力为目标，较为全面地讲述了预制叠合楼板平面布置图和施工图、预制剪力墙平面布置图和施工图、预制楼梯施工图、预制阳台施工图的识读。

　　本书内容配备了习题、图片、视频、识图任务拓展，适合作为高职土建类专业相关课程教材，同时可供工程技术人员参考。

图书在版编目（CIP）数据

　　PC装配式建筑识图与构造 / 蒋沛伶，杨海平主编
. -- 北京：中国水利水电出版社，2021.8
高等职业教育土建类新形态一体化教材
ISBN 978-7-5170-9650-4

　　Ⅰ．①P⋯ Ⅱ．①蒋⋯ ②杨⋯ Ⅲ．①装配式构件－建筑制图－识图－高等职业教育－教材②装配式构件－建筑构造－高等职业教育－教材 Ⅳ．①TU3

　　中国版本图书馆CIP数据核字（2021）第113442号

书　　名	高等职业教育土建类新形态一体化教材 **PC 装配式建筑识图与构造** PC ZHUANGPEISHI JIANZHU SHITU YU GOUZAO
作　　者	主　编　蒋沛伶　杨海平 副主编　叶　珊　陈　剑　竹宇波　顾　政　刘杲劼 　　　　刘　洋　倪　斌
出版发行	中国水利水电出版社 （北京市海淀区玉渊潭南路 1 号 D 座　100038） 网址：www. waterpub. com. cn E - mail：sales@waterpub. com. cn 电话：（010）68367658（营销中心）
经　　售	北京科水图书销售中心（零售） 电话：（010）88383994、63202643、68545874 全国各地新华书店和相关出版物销售网点
排　　版	中国水利水电出版社微机排版中心
印　　刷	天津嘉恒印务有限公司
规　　格	184mm×260mm　16 开本　8.25 印张　201 千字
版　　次	2021 年 8 月第 1 版　2021 年 8 月第 1 次印刷
印　　数	0001—2000 册
定　　价	**32.00 元**

前言

　　2016 年 12 月，中共中央　国务院《关于进一步加强城市规划建设管理工作的若干意见》出台，其中提出大力推广装配式建筑，力争用 10 年左右时间，使装配式建筑占新建建筑的比例达到 30％，而住建部制定的《建筑产业现代化发展纲要》要求，到 2020 年，装配式建筑占新建建筑的比例 20％以上，到 2025 年，装配式建筑占新建建筑的比例 50％以上。与传统的建筑行业相比，装配式建筑建造速度快，构件通过工厂化生产更加标准化，而且通过机械吊装的方式加以连接并在现场浇筑形成整体，加快施工速度，减少环境污染，节约劳动力，同时装配式建筑的抗震性能、隔音效果经过模块化设计得到显著改善。我国已经加快装配式建筑产业的推进，全国各省强烈推进产业的现代化，在可持续发展的机制下，从设计、生产到施工组装，建立一个成熟、合格并且专业化强的人才队伍是必须的，但是与传统建筑的发展相比较，装配式建筑的人才需求面临着严峻的形势。主要的原因是：①装配式建筑的相关职业在我国建筑行业是一个比较新的产业；②国家政策下装配式建筑对于人才的需求很旺盛；③国内各高校对于装配式人才的培养还处于初级阶段。

　　目前，我国建筑产业化专业技术与管理人才缺口近 100 万人，尤其是装配式构件生产厂、装配式施工企业所需要的基层管理人才非常紧缺，这正是我们高职院校学生就业的方向。根据我国国情、建筑业发展要求和人才需求情况，进行装配式建筑人才的培养和建设是刻不容缓的，而图纸是工程技术界的共同语言，读懂图纸，实现设计意图是从事建筑行业的技术人员必须具备的基本能力。设置装配式建筑识图与构造的课程，也是高校教育改革的必然要求。高职院校如何开展装配式课程的内容教学，积极探索优质高效的教学模式，深化课程教育改革，培养在装配式生产、施工等领域的新型高技能人才，将成为一个挑战。

　　装配式建筑是国内刚起步发展中的行业，尤其是装配式混凝土建筑（PC装配式建筑）相关的课题正在研究探索之中，相应的教材比较少。

　　本书是装配式建筑新形态系列教材之一。本书分为 5 章，主要包括 PC 装配式建筑基础知识、预制混凝土楼板、预制剪力墙、预制楼梯、预制阳台，介绍了最常见的装配式混凝土构件的构造特点、连接处构造和施工图识图。为了方便教学，本书配有多媒体学习资源，课后附有习题，并配有识图的任务拓展。

本课程建议按照 64 学时安排教学。

本书编写团队在两年时间内进行了相关装配式技术的培训，并参考了相关文献资料。特别感谢杭州富凝建筑设计有限公司总经理杨新提出了宝贵的指导意见。由于编者水平有限，为配合教学任务时间紧促，本书难免存在不足和疏漏之处，恳请各位专家、读者批评指正。

编者

2020 年 3 月

扫码获取课件

扫码获取题库

"行水云课"数字教材使用说明

  "行水云课"水利职业教育服务平台是中国水利水电出版社立足水电、整合行业优质资源全力打造的"内容"＋"平台"的一体化数字教学产品。平台包含高等教育、职业教育、职工教育、专题培训、行水讲堂五大版块，旨在提供一套与传统教学紧密衔接、可扩展、智能化的学习教育解决方案。

  本套教材是整合传统纸质教材内容和富媒体数字资源的新型教材，将大量图片、音频、视频、3D动画等教学素材与纸质教材内容相结合，用以辅助教学。读者登录"行水云课"平台，进入教材页面后输入激活码激活，即可获得该数字教材的使用权限。可通过扫描纸质教材二维码查看与纸质内容相对应的知识点多媒体资源，完整数字教材及其配套数字资源可通过移动终端APP、"行水云课"微信公众号或中国水利水电出版社"行水云课"平台查看。

  内页二维码具体标识如下：

- ▶为微课
- ✐为动画
- ▣为阅读资料

多媒体知识点索引

目录

项目 1　PC 装配式建筑基础知识

学习目标

（1）了解 PC 装配式建筑的构成要素。

（2）熟悉 PC 装配式结构建筑的连接方式。

1.1　认识 PC 装配式建筑

1.1.1　PC 装配式建筑的概念

按照国家标准《装配式混凝土建筑技术标准》（GB/T 51231—2016）（以下简称《装标》）的定义，装配式建筑是指结构系统、外围护系统、内装系统、设备与管线系统的主要部分采用预制部品部件集成的建筑。这个定义强调装配式建筑是四个系统（而不仅仅是结构系统）的主要部分采用预制部品部件集成，做到建筑围护、主体结构、机电装修一体化的建筑。

按照国家标准《装标》的定义，装配式混凝土建筑是指建筑的结构系统由混凝土部件（预制构件）构成的装配式建筑。

PC 是 Precast Concrete 的缩写，是预制混凝土的意思。国际装配式建筑领域把装配式混凝土建筑称为 PC 建筑，预制混凝土构件简称为 PC 构件，制作混凝土构件的工厂简称 PC 工厂。

1.1.2　PC 装配式建筑的分类

（1）根据高度的不同，分为低层装配式建筑、多层装配式建筑、高层装配式建筑和超高层装配式建筑。

（2）根据预制构件连接方式的不同，分为全装配式混凝土结构和装配整体式混凝土结构。

1）全装配式混凝土结构是指预制构件靠干法连接（如螺栓连接、焊接等）形成整体的装配式结构。国内许多预制钢筋混凝土单层厂房就属于全装配式混凝土结构，国外一些低层建筑和抗震设防烈度低地区的多层建筑常采用全装配式混凝土结构。

成都某研发中心是西南地区首个全装配绿色三星公共建筑，其采用全装配式钢筋混凝土结构（图 1.1，图 1.2），全部构件工厂化生产，现场只进行拼装，装配率达 100%，预制率达 70%。

2）装配整体式混凝土结构是指由预制混凝土构件通过可靠的方式进行连接并与现场后浇混凝土、水泥基灌浆料形成的装配式混凝土结构，其连接以湿连接为主。装配整体式混凝土结构具有较好的整体性和抗震性。目前，大多数多层和全部高层装配式建筑采用该结构形式，有的低层装配式建筑也采用装配整体式。

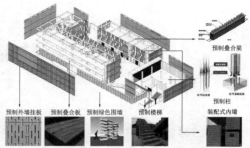

图 1.1　成都某研发中心鸟瞰图　　　　图 1.2　成都某研发中心组装示意图

（3）根据结构体系的不同，分为框架结构、剪力墙结构、框架-剪力墙结构等。

1）装配整体式框架结构是由柱、梁为主要构件组成的承受竖向和水平作用的结构，其主要受力构件梁、柱、楼板及非受力构件墙体、外装饰等均可预制。预制构件种类一般有全预制柱、全预制梁、叠合梁、预制板、叠合板、预制外挂墙板、全预制女儿墙等。全预制柱的竖向连接一般采用灌浆套筒逐根连接，其结构传力路径明确，装配效率高，现浇湿作业少，是最适合进行预制装配化的结构形式，适用于多层和小高层装配式建筑。但目前国内竖向装配结构受力体系连接不成熟，竖向构件不宜采用预制构件，装配整体式框架结构在国内应用较少。

福建省首栋全装配式绿色三星公共建筑采用预制装配整体式混凝土框架结构，装配率高达 92%，如图 1.3 所示。

图 1.3　福建省某预制装配整体式混凝土框架结构

2）装配整体式剪力墙结构是住宅建筑中常见的结构体系，是由剪力墙组成的承受竖向和水平作用的结构，由剪力墙与楼盖一起组成的空间体系。其主要受力构件剪力墙、楼板及非受力构件墙体、外装饰等均可预制。预制构件种类一般有预制围护构件（包括全预制剪力墙、单层叠合剪力墙、双层叠合剪力墙、预制混凝土夹芯保温外墙板、预制叠合保温外墙板、预制围护墙板）、预制剪力墙内墙、全预制梁、叠合梁、全预制叠合板、全预制阳台板、叠合阳台板、预制飘窗、全预制空调板、全预制楼梯、全预制女儿墙等。其中预制剪力墙的竖向连接可采用螺栓连接、钢筋套筒灌浆连接、钢筋浆锚搭接连接。预制围护墙板的竖向连接一般采用螺纹盲孔灌浆连接（各连接方式在本章1.2中有详细讲解），可用于多层和高层装配式建筑，在国内应用较多，国外高层建筑应用较少。本书主要研究装配整体式混凝土剪力墙结构（图1.4）。

（a）施工中的大连万科城　　　　　　　　　　（b）大连万科城BIM模型截图

图1.4　大连万科城装配整体式混凝土剪力墙结构

3）装配整体式框架-剪力墙结构是由框架和剪力墙共同承受竖向和水平作用的结构，剪力墙为第一道抗震防线，预制框架为第二道抗震防线。其适用于高层装配式建筑，其中部分受力构件采用工厂预制，关键节点和重要受力构件采用现浇，在国外应用较多。按照剪力墙的形式可将装配整体式框架-剪力墙结构分为预制框架-现浇剪力墙、预制框架-现浇核心筒、预制框架-预制剪力墙。

1.1.3　PC装配式建筑模数化

装配式建筑的模数化就是在建筑设计、结构设计、拆分设计、构件设计、构件装配设计、一体化设计和集成化设计中，采用模数化尺寸，给出合理公差，实现建筑、建筑部分结构和部件尺寸与安装位置的模数协调。

模数化对装配式建筑尤为重要，是建筑部品制造实现工业化、机械化、自动化和智能化的前提，是正确和精确装配的技术保障，也是降低成本的重要手段。

装配式建筑"装配"是关键，保证精确装配的前提是确定合适的公差，也就是允许误差，包括制作公差、安装公差和位形公差。制作公差是指部件或分部件在生产制作时，与制作尺寸之间的允许偏差；安装公差是指部件或分部件安装时，基准面或基准线之间的允许偏差；位形公差是指在力学，物理、化学作用下，建筑部件或分部件所产生的位移和变形的允许偏差，墙板的温度变形就属于位形公差。设计中还需要考虑"连接空间"，即安装时为保证与相邻部件或分部件之间连接所需的最小空间，也称空隙，如外挂墙板之间的空隙。给出合理的公差和空隙是模数化设计的重要内容。

1. 建筑基本模数、扩大模数和分模数

基本模数是指模数协调中的基本尺寸单位，用M表示。建筑设计的基本模数为100mm，即1M＝100mm。整个建筑物和建筑物的一部分结构以及建筑部件的模数化尺寸，应当是100mm的倍数。扩大模数是基本模数的整数倍数；分模数是基本模数的整数分数。

国家标准《装标》关于基本模数、扩大模数和分模数有以下规定：

（1）装配式混凝土建筑的开间或柱距、进深或跨度、门窗洞口等宜采用水平扩大模数

数列 $2nM$，$3nM$（n 为自然数）。

（2）装配式混凝土建筑的层高和门窗洞口高度等宜采用竖向扩大模数数列 nM。

（3）梁、柱、墙等部件的截面尺寸等宜采用竖向扩大模数数列 nM。

（4）构造节点和部件的接口尺寸采用分模数数列 $M/2$，$nM/5$，$nM/10$。

2. 模数协调的具体要求

（1）实现设计、制造、施工各个环节和各个专业的相互协调。

（2）对建筑各部位尺寸进行分割，确定集成化部件、预制构件的尺寸和边界条件。

（3）尽可能实现部品部件和配件的标准化，特别是用量大的构件，要优选标准化设计。

（4）有利于部件、构件的互换性，模具的共用性和可改用性。

（5）有利于建筑部件、构件的定位和安装，协调建筑部件与功能空间之间的尺寸关系。

1.1.4　PC装配式结构的现浇部位

目前，国内为保证装配整体式混凝土结构的整体性，并不是把整个建筑的结构体系全部由预制构件装配而成，而是保留了部分现浇部位。国家标准《装标》中规定的装配整体式结构的现浇部位与要求如下：

（1）装配整体式结构宜设置地下室，且地下室宜采用现浇混凝土。

（2）剪力墙结构底部加强部位宜采用现浇混凝土。

（3）框架结构首层柱采用现浇混凝土，顶层采用现浇楼盖结构。

（4）剪力墙结构屋顶层建议采用现浇构件。

（5）结构转换层和作为上部结构嵌固部位的楼层宜采用现浇楼盖。

（6）住宅标准层卫生间、电梯前室、公共交通走廊宜采用现浇结构。

（7）电梯井、楼梯间剪力墙宜采用现浇结构。

具体工程中的现浇和装配部位都会在图纸中明确标出，需要认真读取。

1.1.5　装配整体式结构拆分

装配整体式结构拆分是设计的关键环节。拆分基于多方面因素，包括建筑功能性、艺术性、结构合理性及制作运输安装环节的可行性和便利性等。拆分不仅是技术工作，也包含对约束条件的调查和经济分析。拆分应当由建筑、结构、预算、工厂、运输和安装各个环节技术人员协作完成。拆分工作应包含以下内容：

（1）确定现浇与预制的范围、边界。

（2）确定结构构件拆分的部位。

（3）确定后浇区与预制构件之间的关系，包括相关预制构件的关系。

（4）确定构件之间的拆分位置，如柱、梁、墙、板构件的分缝处等。

装配整体式框架结构的地下室楼层宜现浇，与标准层差异较大的裙楼也宜现浇，最顶层楼板应现浇。其他楼层结构构件拆分原则如下：

（1）装配式框架结构中预制混凝土构件的拆分位置宜在构件受力最小的地方，且依据套筒的种类、结构弹塑性分析结果（塑性铰位置）来确定。除此之外，还应考虑生产能力、道路运输、吊装能力及施工方便等条件。

（2）梁拆分位置可以设置在梁端，也可以设置在梁跨中。拆分位置在梁端时，梁纵向钢筋套管连接位置距离柱边不宜小于 $1.0h$（h 为梁高），不应小于 $0.5h$（考虑塑性铰，塑性铰区域内存在套管连接，不利于塑性铰转动）。

（3）柱拆分位置一般设置在楼层标高处，底层柱拆分位置应避开柱脚塑性铰区域，每根预制柱长度可为 1 层、2 层或 3 层层高。

（4）板拆分位置要考虑运输限宽和工厂生产线模具的宽度限值，故拆分后的板宽不宜太宽，板宽加伸出钢筋长度应小于 3.2m；考虑工厂制作模具不经济，异形板和板宽 1m 左右的板宜采用现浇，为尽可能统一或减少板的规格，宜采取相同宽度。

1.2 认识预制构件的连接方式

预制构件与现浇混凝土的连接，预制构件之间的连接，是装配式混凝土结构最关键的技术环节。

装配式混凝土结构的连接方式分为两类：湿连接和干连接。

湿连接是混凝土或水泥基浆料与钢筋结合的连接方式，适用于装配整体式混凝土结构连接。湿连接的核心是钢筋连接，包括套筒灌浆连接、浆锚搭接连接、机械套筒连接、注胶套筒连接、绑扎连接、焊接、锚环钢筋连接、钢索钢筋连接，后张法预应力连接等。湿连接还包括预制构件与现浇接触界面的构造处理，如键槽和粗糙面；以及其他方式的辅助连接，型钢螺栓连接。

干连接主要借助于埋设在预制混凝土构件的金属连接件进行连接，如螺栓连接、焊接等。

1.2.1 套筒灌浆连接

套筒灌浆连接是装配整体式结构最主要最成熟的连接方式，美籍华人余占疏 1970 年发明了套筒灌浆技术，至今已经有 50 年的历史。套筒灌浆技术发明初期就在工程中得以应用，美国夏威夷 38 层的阿拉莫纳酒店（Ala Mona Hotel）是世界上第一个应用灌浆套筒连接技术的高层建筑（图 1.5），而后在欧洲、美洲及亚洲得到广泛应用，目前在日本应用最多，用于很多超高层建筑，最高的装配式建筑是 208m 高的日本大阪北浜大厦（图 1.6）。套筒灌浆连接在日本的装配式混凝土建筑中经历过多次地震的考验，是可靠的连接技术。

套筒灌浆连接的工作原理是：透过铸造的中空型套筒，钢筋从两端开口穿入套筒内部，不需要搭接或熔铸，钢筋与套筒间填充微膨胀的水泥基灌浆料，灌浆料硬化后与钢筋的横肋和套筒内壁凹槽或凸肋紧密齿合。借助砂浆受到套筒的围束作用，加上本身具有微膨胀特性，借此增强与钢筋、套筒内侧间的摩擦力，以传递钢筋应力。其主要适用于装配整体式混凝土结构的预制剪力墙、预制柱等预制构件的纵向钢筋连接，分别如图 1.7、图 1.8、图 1.9 所示。

按照钢筋与套筒的连接方式不同，钢筋套筒可分为全灌浆套筒、半灌浆套筒两种（图 1.10）。全灌浆套筒接头是传统的灌浆连接接头形式，套筒两端的钢筋均采用灌浆连接，两端钢筋均是带肋钢筋（图 1.11）。半灌浆套筒接头是一端钢筋用灌浆连接，另一端采用非灌浆方法（如螺纹连接）连接的接头（图 1.12）。

图 1.5　美国阿拉莫纳酒店　　　　　　图 1.6　日本大阪北浜大厦

（a）预制剪力墙底部套筒　　　　　　　　（b）手动灌浆连接钢筋

图 1.7　钢筋套筒灌浆连接在预制墙的应用

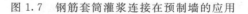
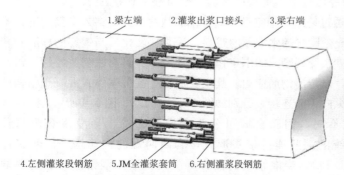

（a）预制梁灌浆套筒连接示意图　　　　　　　（b）预制梁灌浆套筒实物图

图 1.8　钢筋套筒灌浆连接在预制梁的应用

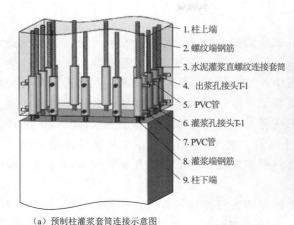

1. 柱上端
2. 螺纹端钢筋
3. 水泥灌浆直螺纹连接套筒
4. 出浆孔接头T-1
5. PVC管
6. 灌浆孔接头T-1
7. PVC管
8. 灌浆端钢筋
9. 柱下端

（a）预制柱灌浆套筒连接示意图

（b）预制柱灌浆套筒实物图

图1.9　钢筋套筒灌浆连接在预制柱的应用

全灌浆套筒接头一般设在预制构件间的后浇段内，待两侧预制构件安装就位后，纵向钢筋伸入套筒后实施灌浆固定。如用于叠合梁等后浇部位的纵向筋连接（图1.8）。

半灌浆套筒接头一般设置在预制构件的边缘，在相邻的预制构件钢筋伸入套筒后实施灌浆，如用于预制剪力墙、预制柱的纵向钢筋连接（图1.7和图1.9）。采用半灌浆套筒可以减小套筒的长度，节约套筒成本和灌浆料，同时，减小套筒长度后，钢筋连接箍筋加密区范围减小，有利于减少钢筋用量，但采用半灌浆套筒，对钢筋和套筒的定位要求更高，构件吊装安装精度要求更高，实际应用中应综合考虑。

图1.10　灌浆套筒实物图

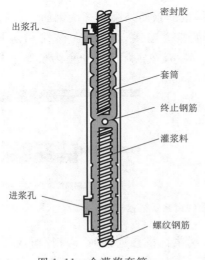

密封胶
出浆孔
套筒
终止钢筋
灌浆料
进浆孔
螺纹钢筋

图1.11　全灌浆套筒

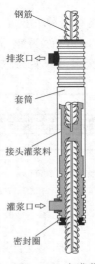

钢筋
排浆口
套筒
接头灌浆料
灌浆口
密封圈

图1.12　半灌浆套筒

1.2.2　浆锚搭接连接

浆锚搭接连接（又称约束浆锚连接）方式所依据的技术原理源于欧洲，指在预制混凝土构件中采用特殊工艺制成的孔道中插入需搭接的钢筋，并灌注水泥基灌浆料而实现的钢筋搭接连接方式。但目前国外在装配式建筑中没有研发和应用这一技术。我国近年来有大学、研究机构和企业做了大量研究试验，具备了一定的技术基础，在国内装配整体式结构建筑中也有应用。浆锚搭接连接方式最大的优势是成本低于套筒灌浆连接方式。《装配式混凝土结构技术规程》（JGJ 1－2014）（以下简称《装规》）对浆锚搭接连接技术采取偏于安全的趋势，毕竟浆锚搭接连接不像钢筋套筒灌浆连接方式那样有几十年的工程实践经验并经历过多次大地震的考验。

浆锚搭接连接的工作原理是基于黏结锚固原理进行连接的方法，在竖向结构部品下段范围内预留出竖向孔洞，孔洞内壁表面留有螺纹状粗糙面，周围配有横向约束螺旋箍筋。装配式构件将下部钢筋插入孔洞内，通过灌浆孔注入灌浆料，直至排气孔溢出停止灌浆；当灌浆料凝结后将此部分连接成一体，如图 1.13 所示。

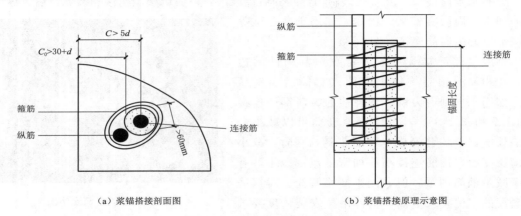

（a）浆锚搭接剖面图　　　　　　　　　　　（b）浆锚搭接原理示意图

图 1.13　浆锚搭接连接原理

浆锚搭接连接有两种方式，一是两根搭接的钢筋外圈有螺旋钢筋，它们共同被螺旋钢筋所约束（图 1.14），称为钢筋约束浆锚搭接连接；二是浆锚孔用金属波纹管代替（图 1.15），称为金属波纹管浆锚搭接连接。后者在实际应用中更为可靠一些。

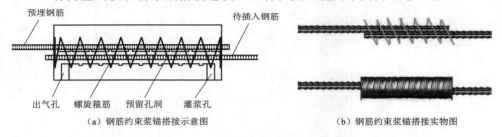

（a）钢筋约束浆锚搭接示意图　　　　　　　　　（b）钢筋约束浆锚搭接实物图

图 1.14　钢筋约束浆锚搭接连接

《装规》第 6.5.4 条规定：纵向钢筋采用浆锚搭接连接时，对预留成孔工艺、孔道形状和长度、构造要求、灌浆料和被连接钢筋，应进行力学性能以及适用性的试验验证。直径大于 20mm 的钢筋不宜采用浆锚搭接连接，直接承受动力荷载构件的纵向钢筋不应采用浆锚搭接连接。

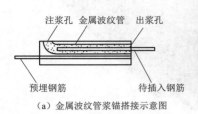

注浆孔　金属波纹管　出浆孔

预埋钢筋　　　　　待插入钢筋

（a）金属波纹管浆锚搭接示意图

（b）金属波纹管浆锚搭接实物图

图 1.15　金属波纹管浆锚搭接连接

1.2.3　后浇混凝土连接

后浇混凝土是指预制构件安装后在预制构件连接区或叠合层现场浇筑的混凝土。后浇混凝土是装配整体式混凝土结构非常重要的连接方式。到目前为止，世界上所有的装配整体式混凝土结构建筑都会有后浇混凝土。

钢筋连接是后浇混凝土连接节点最重要的环节。后浇区钢筋连接方式包括机械套筒连接、钢筋搭接、钢筋焊接。

1.2.4　粗糙面与键槽

《装规》规定：预制混凝土构件与后浇混凝土、灌浆料、坐浆材料的接触面应设置粗糙面、键槽，以提高抗剪能力。试验表明，不计钢筋作用的平面、粗糙面和键槽面混凝土抗剪能力的比例关系是 1∶1.6∶3，也就是说，粗糙面抗剪能力是平面的 1.6 倍，键槽面是平面的 3 倍。所以，预制构件与后浇混凝土接触面做成粗糙面，或做成键槽面，或两者兼有。

粗糙面和键槽的实现办法如下。

（1）粗糙面。对于压光面（如叠合板、叠合梁表面）在混凝土初凝前"拉毛"形成粗糙面（图 1.16）。对于模具面（梁端、柱端表面），可在模具上涂刷缓凝剂，拆模后用水冲洗未凝固的水泥浆，露出骨料（图 1.17），形成粗糙面。

图 1.16　拉毛

图 1.17　露出骨料

（2）键槽。键槽是靠模具凹凸成型的，柱端键槽和梁端键槽如图 1.18 所示。

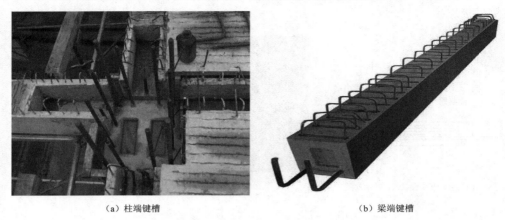

（a）柱端键槽　　　　　　　　　　　　　　　　　（b）梁端键槽

图 1.18　柱端键槽和梁端键槽

《装规》规定：

（1）预制板与后浇混凝土叠合层之间的结合面应设置粗糙面。

（2）预制梁端面应设置键槽且宜设置粗糙面。键槽的深度 t 不宜小于 30mm，宽度 w 不宜小于深度的 3 倍且不宜大于深度的 10 倍；键槽可贯通截面，当不贯通时槽口距离截面边缘不宜小于 50mm；键槽间距宜等于键槽宽度；键槽端部斜面倾角不宜大于 30°，如图 1.19 所示。

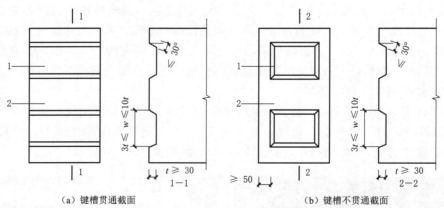

（a）键槽贯通截面　　　　　　　　　　　　　　　（b）键槽不贯通截面

图 1.19　梁端键槽构造示意图

1—键槽；2—梁端面

（3）预制剪力墙的顶部和底部与后浇混凝土的结合面应设置粗糙面；侧面与后浇混凝土的结合面应设置粗糙面，也可设置键槽；键槽深度 t 不宜小于 20mm，宽度 w 不宜小于深度的 3 倍且不宜大于深度的 10 倍，键槽间距宜等于键槽宽度，键槽端部斜面倾角不宜大于 30°。

（4）预制柱的底部应设置键槽且宜设置粗糙面，键槽应均匀布置，键槽深度不宜小于 30mm，键槽端部斜面倾角不宜大于 30°。柱顶应设置粗糙面。

（5）粗糙面的面积不宜小于结合面的80%，预制板的粗糙面凹凸深度不应小于4mm，预制梁端、预制柱端、预制墙端的粗糙面凹凸深度不应小于6mm。

本 章 小 结

本章首先介绍了装配式混凝土建筑的分类，装配式混凝土建筑结构类型体系与现浇混凝土结构体系类似，通常分为框架结构、剪力墙结构、框架-剪力墙结构体系。

其次介绍了PC装配式建筑模数化和装配式结构的拆分原则。实现标准化的关键点则是体现在对构件的科学拆分上。对构件的拆分主要考虑五个因素：一是受力合理；二是制作、运输和吊装的要求；三是预制构件配筋构造的要求；四是连接和安装施工的要求；五是预制构件标准化设计的要求，最终达到"少规格、多组合"的目的。

重点介绍了装配式结构的连接方式，包括：钢筋套筒灌浆连接、浆锚搭接连接、后浇混凝土连接、粗糙面与键槽。对于装配式结构而言，可靠的连接方式是第一重要的，是结构安全的最基本保障。

课 后 习 题

一、选择题

1. 根据结构形式和预制方案，大致可将装配整体式混凝土结构分为（　　）。

A. 装配整体式框架结构、装配整体式剪力墙结构、装配整体式框架-剪力墙结构

B. 框架结构、剪力墙结构、筒体结构

C. 装配整体式框架结构、装配整体式筒体结构、装配式剪力墙结构

D. 装配整体式剪力墙结构、装配整体式框架-剪力墙结构、装配整体式筒体结构

2. 装配整体式框架-剪力墙结构是办公、酒店类建筑中常见的结构体系，（　　）。

A. 抗震主要以剪力墙作为防线

B. 抗震主要以框架柔性耗能

C. 剪力墙为第一道抗震防线，预制框架为第二道抗震防线

D. 剪力墙和框架共同抗震

3. 钢筋套筒灌浆连接目前主要用于（　　）结构中墙柱等重要（　　）构件中的底部钢筋同截面100%连接处。

A. 装配式，横向 　　　　　　　　　　　B. 装配式，竖向

C. 剪力墙，横向 　　　　　　　　　　　D. 剪力墙，竖向

4. 下列钢筋连接方式，不适用于现浇结构钢筋连接。只适用于装配整体式结构钢筋连接的是（　　）。

A. 焊接连接 　　　　　　　　　　　　　B. 机械连接

C. 搭接连接 　　　　　　　　　　　　　D. 浆锚搭接连接

5. 下列关于灌浆套筒的应用说法不正确的有（　　）。

A. 灌浆套筒连接成本相对于机械连接等连接方式高

B. 灌浆套筒可用于梁柱等主要受力钢筋连接

C. 剪力墙分布钢筋应采用灌浆套筒连接

D. 剪力墙边缘约束构件纵筋宜采用灌浆套筒连接

6. 下列关于浆锚搭接连接说法错误的是（ ）。

A. 浆锚搭接连接属于搭接连接的一种，由于约束环的作用，大大减少了搭接长度

B. 与灌浆套筒相比，浆锚搭接连接成本较低

C. 浆锚搭接连接适用于钢筋直径不大于20mm和直接承受动力荷载的钢筋连接

D. 浆锚搭接连接适用于剪力墙结构分布钢筋连接

7. 装配式结构中，预制构件的连接部位宜设置在结构受力较小的部位，下列关于其尺寸和性状应符合的规定中表述有误的是（ ）。

A. 应满足建筑功能、模数、标准化要求，应进行优化设计

B. 应根据预制构件的功能和安装部位，加工制作及施工精度要求

C. 应确保构件美观

D. 应满足制作、运输、堆放、安装及质量控制要求

8. 高层装配整体式结构应符合的规定不含（ ）。

A. 宜设置地下室，地下室宜采用现浇混凝土

B. 剪力墙结构底部加强部位的剪力墙宜采用现浇混凝土

C. 宜设置地下室，地下室宜采用装配式混凝土

D. 框架结果首层柱宜采用现浇混凝土，顶层宜采用现浇楼盖结构

9. 装配式整体式框架中，下列说法错误的是（ ）。

A. 后浇节点区混凝土上表面应设置粗糙面

B. 后浇节点区混凝土表面应光洁

C. 柱纵向受力钢筋应贯穿后浇节点区

D. 柱底接缝厚度宜为20mm，并应采用灌浆料填实

10. 下列关于全灌浆套筒和半灌浆套筒的说法，正确的有（ ）。

A. 同样规格的半灌浆套筒比全灌浆套筒短，节省材料，减少连接区域长度

B. 半灌浆套筒非灌浆段可采用钢筋螺纹连接方式

C. 全灌浆套筒箍筋加密区范围比半灌浆套筒小

D. 全灌浆套筒对钢筋的定位要求更高

E. 不同钢筋尺寸应对应不同规格的灌浆套筒，严禁混用

二、判断题

1. 预制构件合理的接缝位置以及尺寸和形状的设计对建筑功能、建筑平立面、结构受力情况、预制构件承载能力、工程造价等会产生一定的影响，同时应尽量增加预制构件的种类，以方便进行质量控制。（ ）

2. PC构件之间的连接分为干式和湿式，前者通过钢筋连接、后浇混凝土或灌浆结合为整体，后者通过预埋件焊接或螺栓连接、搁置、销栓等方法。（ ）

3. 对预制剪力墙体系而言，剪力墙竖向钢筋的连接是极为关键的。（ ）

4. 装配整体式框架结构设计的总体思路是等同现浇，与现浇混凝土框架结构整体受力分析及构件设计方法相同。（ ）

项目2 预制混凝土楼板

学习目标

(1) 熟悉预制混凝土楼板的分类。

(2) 掌握叠合楼板连接处构造，包括接缝构造与支座构造。

(3) 掌握叠合楼板平面布置图的识读方法。

(4) 掌握叠合楼板的模板图和钢筋图的识读方法。

2.1 认识预制混凝土楼板

预制混凝土楼板按照制作工艺的不同可分为预制混凝土叠合楼板、预制混凝土实心板、预制混凝土空心板和预制混凝土双 T 板等。

2.1.1 预制混凝土叠合楼板

预制混凝土叠合楼板是由预制板和现浇钢筋混凝土层叠合而成的装配整体式楼板。预制板既是楼板结构的组成部分之一，又是现浇钢筋混凝土叠合层的永久性模板，现浇叠合层内可敷设水平设备管线。叠合楼板整体性好，刚度大，可节省模板，而且板的上下表面平整，便于饰面层装修，适用于对整体刚度要求较高的高层建筑和大开间建筑。

预制混凝土叠合楼板包括预制桁架钢筋叠合楼板（合肥宝业西韦德为代表）、预制带肋预应力叠合楼板（PK 板）（山东万斯达为代表）、预制预应力叠合楼板（南京大地为代表）等。

预制桁架钢筋叠合楼板属于半预制构件，下部为预制混凝土板，外露部分为桁架钢筋。《装规》规定：预制混凝土叠合板的预制部分厚度不宜小于 60mm，现浇层厚度不应小于 60mm。常规做法是板厚 130mm，其中预制部分厚度 60mm，现浇层厚度 70mm。

预制桁架钢筋叠合楼板在施工现场安装到位后要进行二次浇注，从而成为整体的实心楼板。桁架钢筋的主要作用是将后浇筑的混凝土层与预制底板形成整体，并在制作和安装过程中提供刚度，预制板跨度较小时，桁架钢筋可兼作吊点。伸出预制混凝土层的桁架钢筋和粗糙的混凝土表面保证了叠合楼板的预制部分与现浇部分能有效地结合成整体，如图2.1 所示。

预制带肋预应力叠合楼板（PK 板），是一种新型装配整体式预应力混凝土楼板，见图 2.2 所示。它是以倒 "T" 形预应力混凝土预制带肋薄板为底板，肋上预留椭圆形孔，孔内穿置横向非预应力受力钢筋，然后再浇筑叠合层混凝土从而形成整体双向受力楼板。

《装规》第 6.6.2 条叠合板中规定：跨度大于 3m 的叠合板，宜采用桁架钢筋混凝土叠合板；跨度大于 6m 的叠合板，宜采用预应力混凝土预制板。

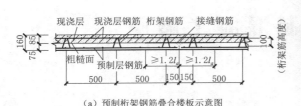

（a）预制桁架钢筋叠合楼板示意图 　　　　　（b）预制桁架钢筋叠合楼板实物图

图 2.1　预制桁架钢筋叠合楼板

l_a — 受拉钢筋锚固长度

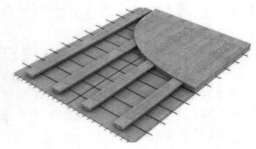

图 2.2　预制带肋预应力叠合楼板

2.1.2　预制混凝土实心板

预制混凝土实心板制作较为简单，其连接设计根据抗震构造等级的不同而有所不同，如图 2.3（a）所示。

（a）预制混凝土实心板　　　　（b）预制混凝土空心板　　　　（c）预制混凝土双 T 板

图 2.3　各类预制混凝土楼板

2.1.3　预制混凝土空心板和预制混凝土双 T 板

预制混凝土空心板和预制混凝土双 T 板通常适用于较大跨度的多层建筑，如图 2.3（b）、（c）所示。预应力双 T 板跨度可达 20m 以上，如用高强轻质混凝土则可达 30m 以上。

叠合板应按现行国家标准《混凝土结构设计规范》（GB 50010—2010）进行设计，并应符合下列规定：当叠合板的预制板采用空心板时，板端空腔应封堵；板厚大于 180mm 的叠合板，宜采用混凝土空心板。

2.2 认识叠合楼板连接处构造

2.1

国内首个双
T板大型商业
广场项目介绍

2.2.1 叠合楼板接缝构造

根据受力情况，可以将板与板之间的连接接缝分为分离式接缝和整体式接缝。其中，分离式接缝板与板之间不传递弯矩，故采用分离式接缝的板均为单向板；采用整体式接缝连接的板，可以传递弯矩，故可以按照有无接缝整间板的方式判断板的受力类型。

2.2

认识预制
混凝土楼板

叠合楼板设计分为单向板和双向板两种情况，根据接缝构造，支座构造和长宽比确定。《装规》规定："预制板之间采用分离式接缝时，宜按单向板设计；对长宽比不大于3的四边支承叠合板，当其预制板之间采用整体式接缝或无接缝时，可按双向板计算"（图 2.4）。图中整体式接缝位置即后浇带。

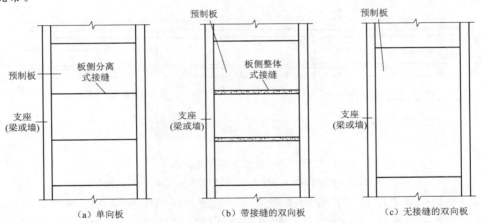

（a）单向板   （b）带接缝的双向板   （c）无接缝的双向板

图 2.4 叠合楼板预制板的布置形式

1. 分离式接缝

单向板板侧的分离式接缝宜配置附加钢筋，如图 2.5 所示。接缝处紧邻预制板顶面宜设置垂直于板缝的附加钢筋，附加钢筋伸入两侧后浇混凝土叠合层的锚固长度不应小于 $15d$（d 为附加钢筋直径）；附加钢筋截面面积不宜小于预制板中该方向钢筋面积，钢筋直径不宜小于 6mm，间距不宜大于 250mm。

2. 整体式接缝

《装配式混凝土结构连接节点构造》（15G310 - 1）中给出了四种后浇带形式的接缝和密封接缝共五种连接构造形式。具体选用形式由设

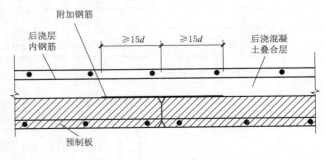

图 2.5 单向板板侧分离式接缝构造示意图

计图纸确定。

双向板板侧的整体式接缝处由于有应变集中情况，宜将接缝设置在叠合板的受力较小部位。接缝可采用后浇带形式，接缝后浇带宽度可根据设计需要调整，但不宜小于200mm。后浇带形式的接缝适用于叠合板板底有外伸纵筋的情况，主要需要处理的是板底纵筋的搭接问题。

根据图集《装配式混凝土结构连接节点构造》（15G310-1），后浇带两侧板底纵向受力钢筋可在后浇带中搭接连接、弯折锚固等，下面分别来介绍这几种接缝形式。

（1）板底纵筋直线搭接。两侧板底均预留外伸直线纵筋，以交错搭接形式进行连接（图 2.6）。板底外伸纵筋搭接长度不小于纵向受拉钢筋搭接长度 l_l（由板底外伸纵筋直径确定，见附录 3），且外伸纵筋末端距离另一侧板边不小于 10mm。后浇带接缝处设置顺缝板底纵筋，位于外伸板底纵筋以下，和外伸板底纵筋一起构成接缝网片，顺缝板底纵筋具体钢筋规格由设计确定。板面钢筋网片跨接缝贯通布置，一般顺缝方向板面纵筋在上，垂直接缝方向板面纵筋在下。

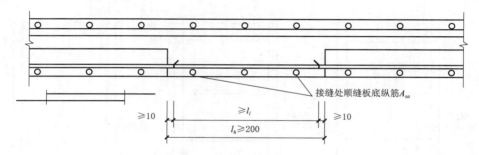

图 2.6　板底纵筋直线搭接

A_{sa}—接缝处顺缝板底纵筋面积；l_l—受拉钢筋搭接长度；l_h—后浇带宽度

（2）板底纵筋末端带 135°弯钩搭接。两侧板底均预留末端带 135°弯钩的外伸纵筋，以交错搭接形式进行连接（图 2.7）。预留弯钩外伸纵筋搭接长度不小于受拉钢筋锚固长度 l_a（由板底外伸纵筋直径确定，见附表 2），且外伸纵筋末端距离另一侧板边不小于10mm。纵端末端的 135°弯钩应满足图集《装配式混凝土结构连接节点构造》（15G310-1）第 14 页纵向钢筋末端弯钩锚固要求，弯钩长度为 5d。顺缝板底纵筋及板面钢筋网片的设置与板底纵筋直线搭接的构造形式相同。板底纵筋末端带 135°弯钩连接 revit 模型如

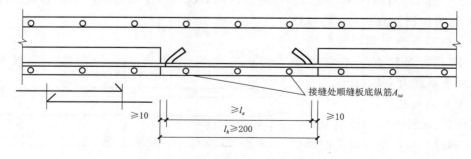

图 2.7　板底纵筋末端带 135°弯钩搭接

l_a—受拉钢筋锚固长度

图 2.8 所示。

（3）板底纵筋末端带 90°弯钩搭接。板底纵筋末端带 90°弯钩搭接与板底纵筋末端带135°弯钩连接要求相同，只是板底预留的外伸纵筋末端为 90°弯钩（图 2.9）。同样纵端末端的 90°弯钩应满足图集《装配式混凝土结构连接节点构造》（15G310－1）第 14 页纵向钢筋末端弯钩锚固要求，弯钩长度为 12d。

（4）板底纵筋弯折锚固。两侧板底预留外伸纵筋 30°弯起，后弯折与板面纵筋搭接（图 2.10）。预留外伸纵筋弯折折角处需附加

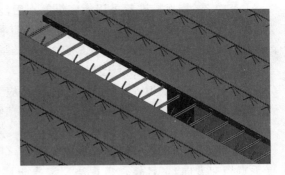

图 2.8 板底纵筋末端带 135°弯钩
连接 revit 模型

2 根顺缝方向通长构造钢筋，其直径不小于 6mm，且不小于该方向预制板内钢筋直径。板底预留外伸纵筋自弯折折角处起长度不小于受拉钢筋锚固长度 l_a。顺缝板底纵筋及板面钢筋网片的设置与板底纵筋直线搭接的构造形式相同。

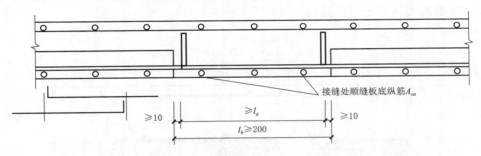

图 2.9 板底纵筋末端带 90°弯钩搭接

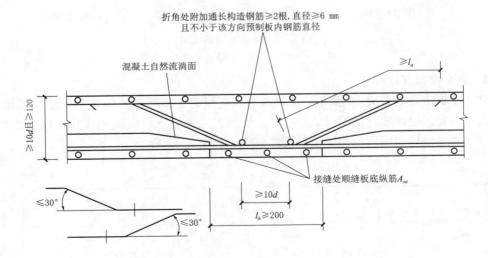

图 2.10 板底纵筋弯折锚固

d—接缝两侧预制板板底弯折纵筋直径的较大值；l_h—后浇带宽度；l_a—受拉钢筋锚固长度

17

其中，《装规》推荐采用板底纵筋在后浇带中弯折锚固的方式，并提出了相应的要求：叠合板厚度不应小于 $10d$（d 为弯折钢筋直径的较大值），且不应小于 120mm；垂直于接缝的板底纵向受力钢筋配置量最宜按计算结果增大 15% 配置；接缝处预制板侧伸出的纵向受力钢筋应在后浇混凝土叠合层内锚固，且锚固长度不应小于 l_a；两侧钢筋在接缝处重叠的长度不应小于 $10d$，钢筋弯折角度不应大于 30°，弯折处沿接缝方向应配置不少于 2 根通长构造钢筋，且直径不应小于该方向预制板内钢筋直径。

（5）密拼接缝——板底纵筋间接搭接。双向叠合板整体式密拼接缝是指相邻两桁架叠合板紧贴放置，不留空隙的接缝连接形式（图 2.11），适用于桁架钢筋叠合板板筋无外伸（垂直桁架方向），且叠合板现浇层混凝土厚度不小于 80mm 的情况。密拼接缝处需紧贴叠合板预制混凝土面设置垂直于接缝方向的板底连接纵筋和平行于接缝方向的附加通长构造钢筋。板底连接纵筋在下，附加通长构造钢筋在上，形成密拼接缝网片。其中，板底连接纵筋与两预制板同方向钢筋搭接长度均不小于纵向受拉钢筋搭接长度 l_l，钢筋级别、直径和间距需设计确定。附加通长构造钢筋需满足直径不小于 4mm，间距不大于 300mm 的要求。板面钢筋网片跨接缝贯通布置，与图 2.6 板底纵筋直线搭接的构造形式相同。

双向叠合板整体式密拼接缝也称板底纵筋间接搭接。

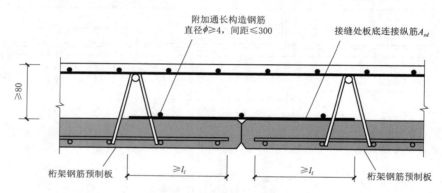

图 2.11　整体式密拼接缝

l_l—纵向受拉钢筋搭接长度

2.2.2　叠合楼板支座构造

叠合楼板边角宜做成 45°倒角。单向板和双向板的上部都做成倒角，一是为了保证连接节点钢筋保护层厚度（见附录 2-6），二是为了避免后浇段混凝土转角部位应力集中。单向板下部边角做成倒角是为了便于接缝处理，如图 2.12 所示。

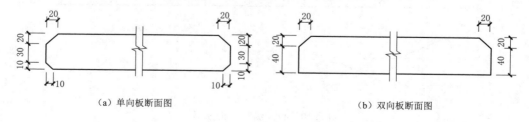

（a）单向板断面图　　　　　　　　　　（b）双向板断面图

图 2.12　叠合楼板边角构造

和板与板接缝类似，根据叠合楼板是否将板端弯矩传递到支座，可以将叠合楼板支座分为板端支座和板侧支座。

对于板端支座，由于需要传递弯矩，需要将预制板内的纵向受力钢筋从板端伸出并锚入支撑梁或墙的后浇混凝土中，锚固长度不应小于 $15d$（d 为纵向受力钢筋直径），且宜伸过支座中心线，如图 2.13（a）所示。

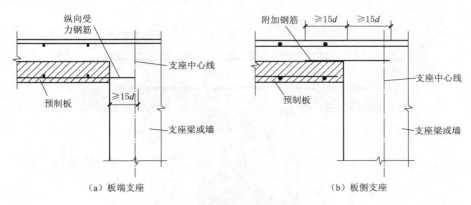

图 2.13　叠合楼板板端支座和板侧支座构造示意图

对于板侧支座，当预制板内的板底分布钢筋深入支承梁或墙的后浇混凝土中时，应按前一种类型即板端支座处钢筋锚固；对于单向板长边支座，为了加工及施工方便，板底分布钢筋可不伸入支座，但宜在紧邻预制板顶面的后浇混凝土叠合层中设置附加钢筋，以保证楼面的整体性及连续性。附加钢筋截面面积不宜小于预制板内的同向分布钢筋面积，间距不宜大于 600mm，在板的后浇混聚土叠合层内锚固长度不应小于 $15d$（d 为附加钢筋直径），在支座内锚固长度不应小于 $15d$ 且宜伸过支座中心线，如图 2.13（b）所示。

对于双向板，由于荷载向两个方向传递，因此双向板的每边都是板端支座，不存在板侧支座。对于单向板，荷载主要沿短边方向传递，故其短边方向为板端支座，负弯矩钢筋伸入支座作直角锚固，下部钢筋伸入支座中心线处，而其长边方向几乎不传递荷载，故可以按照板侧支座考虑，只需在板上配置附加钢筋即可。

对于中间支座，即墙或板两边均有叠合板，需要考虑多种情况：墙或梁的两侧是单向板还是双向板，支座对于两侧的板是板端支座还是板侧支座。无论是哪种情况，中间支座的构造设计应考虑以下几个原则：上部负弯矩钢筋伸入支座不用转弯，而是与另一侧板的负弯矩钢筋共用一根钢筋；底部伸入支座的钢筋与板端支座或板侧支座一样伸入即可。图 2.14 所示为工人进行叠合板连接处附加钢筋的绑扎工作。

如果支座两边的板支座都是单向板侧边支座，则连接钢筋合为一根，如图 2.15（a）所

图 2.14　附加钢筋绑扎现场

19

示；板底连接纵筋跨支座贯通布置，与叠合板内同向板底筋的搭接长度须不小于纵向受拉钢
筋连接长度 l_l。附加通长构造钢筋仅布置在叠合板现浇区范围内，需满足直径不小于 4mm，
间距不大于 300mm。板面纵筋跨支座贯通布置。

如果有一个板支座不是单向板侧边支座，则叠合板预留外伸板底钢筋伸至梁内不小于
$5d$，且至少到梁中心线位置，板面纵筋跨支座贯通布置，如图 2.15（b）所示。

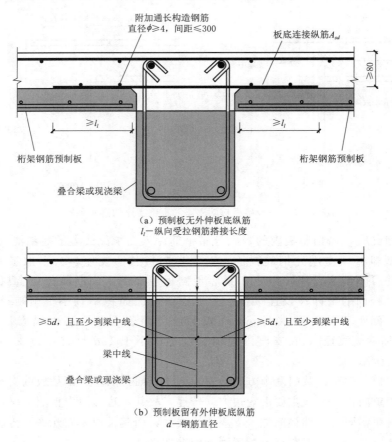

（a）预制板无外伸板底纵筋
l_l—纵向受拉钢筋搭接长度

（b）预制板留有外伸板底纵筋
d—钢筋直径

图 2.15　中间支座构造

2.2.3　其他构造规定

叠合楼板的桁架钢筋依据《装配式混凝土结构技术规程》（JGJ 1—2014）第 6.6.7
条，桁架钢筋混凝土叠合板应满足应满足下列要求：

（1）桁架钢筋应沿主要受力方向布置。

（2）距板边不应大于 300mm，间距不宜大于 600mm。

（3）桁架钢筋弦杆钢筋直径不宜小于 8mm，腹杆钢筋直径不应小于 4mm。

（4）桁架钢筋弦杆混凝土保护层厚度不应小于 15mm。

如图 2.16 所示，桁架钢筋的两个波峰间的距离为 200mm，H_1 为桁架
的高度，依据叠合板的厚度而变化。

2.3　▶

认识预制
混凝土楼
板连接处构造

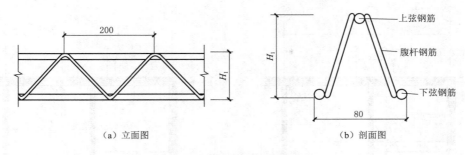

（a）立面图　　　　　　　　（b）剖面图

图 2.16　桁架钢筋示意图

（摘自图集 15G366－1 第 81 页）

2.3　识读叠合楼板平面布置图

本学习任务是能识读给出的叠合楼板平面布置图示例［图集《装配式混凝土结构表示方法及示例》（15G107－1）第 C－3 页］，读懂各类预制构件的制图规则，明确构件的平面布置情况。叠合楼板施工图主要包括预制底板平面布置图、现浇层配筋图、水平后浇带或圈梁布置图。叠合楼板的制图规则适用于剪力墙、梁为支座的叠合楼（屋）面板施工图。

2.3.1　叠合楼板施工图的表示方法

叠合底板与上部现浇混凝土层结合成为一个整体，共同工作。所有叠合板块应逐一编号，相同板块可择其一作集中标注，如图 2.17 所示。当板面标高不同时，在板编号的斜线下标注标高高差，下降为负（－）。叠合板编号由叠合板代号和序号组成。叠合楼面板的代号为 DLB，叠合屋面板的代号为 DWB，叠合悬挑板的代号为 DXB。序号可为数字或数字加字母。

2.4　▶

PC 装配式建筑施工图的基础知识

2.3.2　叠合楼板现浇层的标注

叠合楼板现浇层注写方法与图集《混凝土结构施工图平面整体表示方法制图规则和构造详图（现浇混凝土框架、剪力墙、梁、板）》（16G101－1）的"有梁楼盖板平法施工图的表示方法"相同，同时应标注叠合板编号，如图 2.18 所示。

2.3.3　标准图集中叠合板底板编号

预制底板平面布置图中需要标注叠合板编号、预制底板编号、各块预制底板尺寸和定位。当选用标准图集中的预制底板时，可选类型详见《桁架钢筋混凝土叠合板（60mm 厚底板）》（15G366－1），可直接在板块上标注标准图集中的底板编号。当自行设计预制底板时，可参照标准图集的编号规则进行编号（表 2.1）。其单向板底板钢筋编号见表 2.2；双向板底板跨度、宽度方向钢筋代号组合表见表 2.3。

预制底板为单向板时，应标注板边调节缝和定位。预制底板为双向板时，应标注接缝尺寸和定位。当板面标高不同时，标注底板标高高差，下降为负（－）。同时应绘出预制底板表。

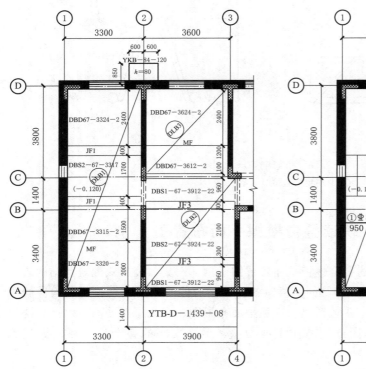

图 2.17 预制底板平面布置图示例
（摘自图集 15G107－1 第 C－3 页）

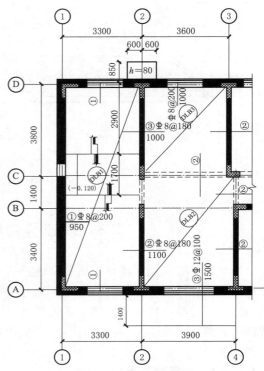

图 2.18 现浇层配筋图示例
（摘自图集 15G107－1 第 C－3 页）

表 2.1 叠合底板编号

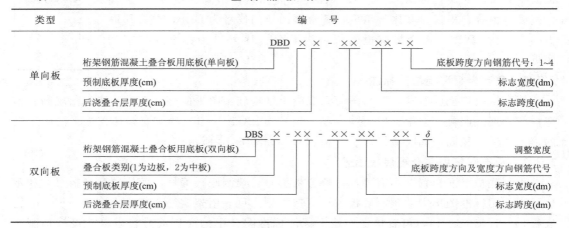

表 2.2 单向板底板钢筋编号

代 号	1	2	3	4
受力钢筋规格及间距	$\Phi 8@200$	$\Phi 8@150$	$\Phi 10@200$	$\Phi 10@150$
分布钢筋规格及间距	$\Phi 6@200$	$\Phi 6@200$	$\Phi 6@200$	$\Phi 6@200$

表 2.3 双向板底板跨度、宽度方向钢筋代号组合表

宽度方向钢筋	跨 度 方 向 钢 筋			
	Φ 8@200	Φ 8@150	Φ 10@200	Φ 10@150
Φ 8@200	11	21	31	41
Φ 8@150	—	22	32	42
Φ 8@100				43

预制底板表中需要标明叠合板编号、板块内的预制底板编号及其与叠合板编号的对应关系、所在楼层、构件重量和数量、构件详图页码（自行设计构件为图号）、构件设计补充内容（线盒、预留洞位置等）。

举例说明，DBD67－3324－2：表示单向受力叠合板底板，预制底板厚度为 60mm，后浇叠合层厚度为 70mm，预制底板的标志跨度为 3300mm，预制底板的标志宽度为 2400mm，底板跨度方向配筋（即受力钢筋）为 Φ 8@150，底板宽度方向配筋（即分布钢筋）为 Φ 6@200。DBS1－67－3924－32：表示双向受力叠合板底板，拼装位置为边板，预制底板厚度为 60mm，后浇叠合层厚度为 70mm，预制底板的标志跨度为 3900mm，预制底板的标志宽度为 2400mm，底板跨度方向配筋为 Φ 10@200，底板宽度方向配筋为 Φ 8@150。

2.3.4 叠合底板接缝

叠合楼板预制底板接缝需要在平面上标注其编号、尺寸和位置（图 2.17），并需给出接缝的详图 [图 2.19（a）]，接缝编号由代号和序号组成，叠合板底板接缝的代号是 JF，叠合板底板密拼接缝的代号是 MF。底板接缝钢筋构造已在 2.2.1 中介绍。

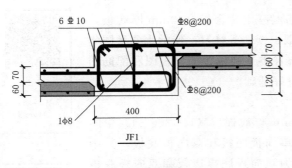

接缝选用表

平面图中编号	所在楼层	节点详图页码（图号）
MF	3~21	15G310-1, 28, (B6-1); A_{sd} 为 Φ8@200, 附加通长构造钢筋为 Φ6@200
JF2	3~21	15G310-1, 20, (B1-2); A_{ss} 为 3 Φ8@150
JF3	3~21	15G366-1, 82
JF4	3~21	××, ××

（a）接缝详图　　　　　　　　　（b）接缝选用表

图 2.19 接缝详图及选用表

（摘自图集 15G107-1 第 C-3 页）

（1）当叠合楼板预制底板接缝选用标准图集时，可在接缝选用表 [图 2.19（b）] 中写明节点选用图集号、页码、节点号和相关参数。

（2）当自行设计叠合楼板预制底板接缝时，需由设计单位给出节点详图。

2.3.5 水平后浇带和圈梁标注

需在平面上标注水平后浇带或圈梁的分布位置，水平后浇带编号由代号 SHJD 和序号

组成。水平后浇带信息可集中注写在水平后浇带表中（图 2.20），表的内容包括：平面中的编号、所在平面位置、所在楼层及配筋。水平后浇带和圈梁钢筋构造已在 2.2.2 叠合楼板支座构造中介绍。

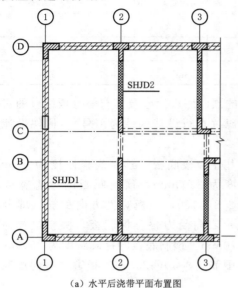

5.500~55.900水平后浇带平面布置图

注：▨ 表示外墙部分水平现浇带，编号为SHJD1；
　　▧ 表示内墙部分水平现浇带，编号为SHJD2。

水平后浇带表

平面中编号	平面所在位置	所在楼层	配筋	箍筋/拉筋
SHJD1	外墙	3~21	2Φ14	1φ8
SHJD2	内墙	3~21	2Φ14	1φ8

（a）水平后浇带平面布置图　　　　　　　　（b）水平后浇带表

图 2.20　水平后浇带平面布置图及后浇带表
（摘自图集 15G107-1 第 C-3 页）

2.4　识读叠合楼板施工图

本学习任务选取标准图集《桁架钢筋混凝土叠合板（60mm 厚底板）》（15G366-1）中典型叠合板构件进行图纸识读任务练习。使学生熟悉图集中标准叠合板基本尺寸和配筋情况，掌握各类预制楼板的模板图和配筋图的识读方法，为识读实际工程相关图纸打好基础。

2.4.1　典型叠合板构件识读

标准图集《架钢筋混凝土叠合板（60m 厚底板）》（15G366-1）中的典型叠合板底板共有两种类型，分别为单向板底板和双向板底板，其中双向板底板根据其拼装位置的不同又分为双向板底板边板和双向板底板中板。

图集中的叠合板底板适用于环境类别为一类的住宅建筑楼、屋面叠合板用的底板（不包含阳台、厨房和卫生间）。叠合板底板厚度均为 60mm，后浇混凝土叠合层厚度为 70mm、80mm、90mm 三种。底板混凝土等级为 C30。底板钢筋及钢筋桁架的上弦、下弦钢筋采用 HRB400 级钢筋，钢筋桁架的腹杆钢筋采用 HPB300 级钢筋。板侧出筋适用于剪力墙墙厚为 200mm 的情况，其他墙厚及结构形式可参考使用。

2.5　⚲

叠合楼板
的介绍

2.6　▶

识读叠合
楼板施工图

下面分别识读宽1200双向板边板、双向板中板和单向板三种叠合板底板的模板和配筋图。

1. 宽1200双向板底板边板（图集15G366-1第7页）

宽1200双向板底板边板模板和配筋图的识图如下：

宽度方向上，支座中线至拼缝定位线间距为1200mm，其中支座一侧板边至支座中线90mm，拼缝一侧板边至拼缝定位线150mm，预制板混凝土面宽度960mm。

长度方向上，两侧板边至支座中线均为90mm，预制板混凝土面长度 l_0。预制板四边及顶面均设置粗糙面，预制板底面为模板面。预制混凝土层厚60mm。

沿长度方向布置两道桁架钢筋，桁架中心线距离板边180mm，桁架中心线间距600mm。桁架钢筋端部距离板边50mm。预制板板筋为网片状，宽度方向水平筋在下，长度方向水平筋在上。值得注意的是桁架下弦钢筋与长度方向水平筋同层（图2.21，表2.4）。

宽度方向板筋间距为200mm，其中，最左侧的宽度方向板筋距板边 $a1$，最右侧的宽度方向板筋距板边 $a2$ 布置。在支座一侧均外伸90mm，在拼缝一侧外伸290mm后做135°弯钩，弯钩平直段长度 $5d=40$mm。距板边25mm处布置宽度方向端起筋，沿宽度方向通长，不外伸，每端布置1道。

长度方向板筋自板边25mm处开始布置，在桁架钢筋位置处不重复布置，在桁架钢筋之间按200mm间距布置。长度方向板筋在两侧支座处均外伸90mm（图2.22，表2.5）。

不同编号的底板可根据实际板底宽度、长度在底板参数表（表2.4）及底板配筋表（表2.5）中查找对应信息。

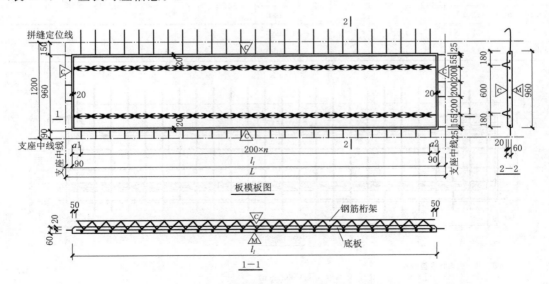

图2.21 宽1200双向板底板边板模板图
（摘自图集15G366-1第7页）

2. 宽1200双向板底板中板（图集15G366-1第32页）

宽1200双向板底板中板模板和配筋图的识图如下：

25

表 2.4　　　　宽 1200 双向板底板边板参数表（摘自图集 15G366 - 1 第 7 页）

底板编号（X 代表 1、3）	l_0/mm	a1/mm	a2/mm	n	桁架型号			混凝土体积/m³	底板自重/t
					编号	长度/mm	重量/kg		
DBS1 - 67 - 3012 - X1	2820	130	90	13	A80	2720	4.79	0.162	0.406
DBS1 - 68 - 3012 - X1					A90		4.87		
DBS1 - 67 - 3312 - X1	3120	80	40	15	A80	3020	5.32	0.180	0.449
DBS1 - 68 - 3312 - X1					A90		5.40		
DBS1 - 67 - 3612 - X1	3420	130	90	16	A80	3320	5.85	0.197	0.493
DBS1 - 68 - 3612 - X1					A90		5.94		
DBS1 - 67 - 3912 - X1	3720	80	40	18	B80	3620	7.18	0.214	0.535
DBS1 - 68 - 3912 - X1					B90		7.28		
DBS1 - 67 - 4212 - X1	4020	130	90	19	B80	3920	7.77	0.232	0.579
DBS1 - 68 - 4212 - X1					B90		7.88		
DBS1 - 67 - 4512 - X1	4320	80	40	21	B80	4220	8.37	0.249	0.622
DBS1 - 68 - 4512 - X1					B90		8.48		
DBS1 - 67 - 4812 - X1	4620	130	90	22	B80	4520	8.96	0.266	0.665
DBS1 - 68 - 4812 - X1					B90		9.09		
DBS1 - 67 - 5112 - X1	4920	80	40	24	B80	4820	9.55	0.283	0.708
DBS1 - 68 - 5112 - X1					B90		9.69		
DBS1 - 67 - 5412 - X1	5220	130	90	25	B80	5120	10.15	0.301	0.752
DBS1 - 68 - 5412 - X1					B90		10.29		
DBS1 - 67 - 5712 - X1	5520	80	40	27	B80	5420	10.74	0.318	0.795
DBS1 - 68 - 5712 - X1					B90		10.90		
DBS1 - 67 - 6012 - X1	5820	130	90	28	B80	5720	11.33	0.335	0.838
DBS1 - 68 - 6012 - X1					B90		11.50		

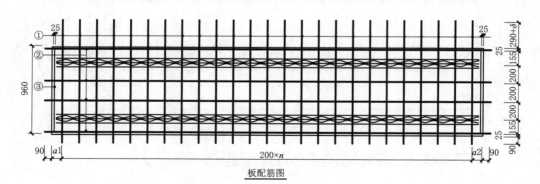

板配筋图

　　注　1. δ 由设计人员确定。
　　　　2. ①号钢筋弯钩角度为 135°，弯弧内直径 D 为 32 mm。
　　　　3. ②号钢筋位于①号钢筋上层，桁架下弦钢筋与②号钢筋同层。
　　　　4. 倒角尺寸大样见本图集第 81 页。
　　　　5. 吊点位置及附加钢筋见本图集第 67~80 页。

图 2.22　宽 1200 双向板底板边板板配筋图

（摘自图集 15G366 - 1 第 7 页）

表 2.5　　　　　　宽 1200 双向板底板边板配筋表（摘自图集 15G366－1 第 7 页）

底板编号 （X 代表 7、8）	①			②			③		
	规格	加工尺寸	根数	规格	加工尺寸	根数	规格	加工尺寸	根数
DBS1－6X－3012－11	Φ8	1340+δ	14	Φ8	3000	4	Φ6	910	2
DBS1－6X－3012－31				Φ10					
DBS1－6X－3312－11	Φ8	1340+δ	16	Φ8	3300	4	Φ6	910	2
DBS1－6X－3312－31				Φ10					
DBS1－6X－3612－11	Φ8	1340+δ	17	Φ8	3600	4	Φ6	910	2
DBS1－6X－3612－31				Φ10					
DBS1－6X－3912－11	Φ8	1340+δ	19	Φ8	3900	4	Φ6	910	2
DBS1－6X－3912－31				Φ10					
DBS1－6X－4212－11	Φ8	1340+δ	20	Φ8	4200	4	Φ6	910	2
DBS1－6X－4212－31				Φ10					
DBS1－6X－4512－11	Φ8	1340+δ	22	Φ8	4500	4	Φ6	910	2
DBS1－6X－4512－31				Φ10					
DBS1－6X－4812－11	Φ8	1340+δ	23	Φ8	4800	4	Φ6	910	2
DBS1－6X－4812－31				Φ10					
DBS1－6X－5112－11	Φ8	1340+δ	25	Φ8	5100	4	Φ6	910	2
DBS1－6X－5112－31				Φ10					
DBS1－6X－5412－11	Φ8	1340+δ	26	Φ8	5400	4	Φ6	910	2
DBS1－6X－5412－31				Φ10					
DBS1－6X－5712－11	Φ8	1340+δ	28	Φ8	5700	4	Φ6	910	2
DBS1－6X－5712－31				Φ10					
DBS1－6X－6012－11	Φ8	1340+δ	29	Φ8	6000	4	Φ6	910	2
DBS1－6X－6012－31				Φ10					

　　宽度方向上，两拼缝定位线间距为 1200mm，两侧板边至拼缝定位线均为 150mm，预制板混凝土面宽度 900mm。

　　长度方向上，两侧板边至支座中线均为 90mm，预制板混凝土面长度 l_0，预制板四边及顶面均设置粗糙面，预制板底面为模板面。预制混凝土层厚度 60mm。

　　沿长度方向布置两道桁架钢筋，桁架中心线距离板边 150mm，桁架中心线间距 600mm。桁架钢筋端部距离板边 50mm（图 2.23，表 2.6）。

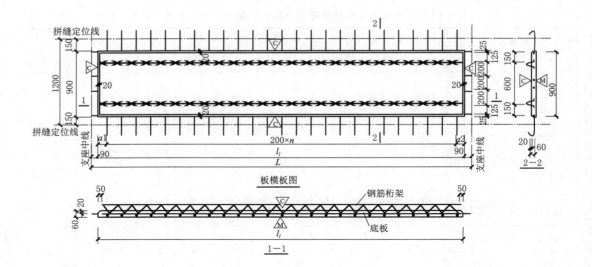

图 2.23 宽 1200 双向板底板中板模板图

（摘自图集 15G366-1 第 32 页）

表 2.6 宽 1200 双向板底板中板参数表（摘自图集 15G366-1 第 32 页）

底板编号 （X 代表 1、3）	l_0/mm	$a1$/mm	$a2$/mm	n	桁架型号			混凝土体积 /m³	底板自重 /t
					编号	长度/mm	重量/kg		
DBS2 - 67 - 3012 - X1	2820	150	70	13	A80	2720	4.79	0.152	0.381
DBS2 - 68 - 3012 - X1					A90		4.87		
DBS2 - 67 - 3312 - X1	3120	70	50	15	A80	3020	5.32	0.168	0.421
DBS2 - 68 - 3312 - X1					A90		5.40		
DBS2 - 67 - 3612 - X1	3420	150	70	16	A80	3320	5.85	0.185	0.462
DBS2 - 68 - 3612 - X1					A90		5.94		
DBS2 - 67 - 3912 - X1	3720	70	50	18	B80	3620	7.18	0.201	0.502
DBS2 - 68 - 3912 - X1					B90		7.28		
DBS2 - 67 - 4212 - X1	4020	150	70	19	B80	3920	7.77	0.217	0.543
DBS2 - 68 - 4212 - X1					B90		7.88		
DBS2 - 67 - 4512 - X1	4320	70	50	21	B80	4220	8.37	0.233	0.584
DBS2 - 68 - 4512 - X1					B90		8.48		
DBS2 - 67 - 4812 - X1	4620	150	70	22	B80	4520	8.96	0.249	0.624
DBS2 - 68 - 4812 - X1					B90		9.09		

续表

底板编号 （X代表1、3）	l_0/mm	a1/mm	a2/mm	n	桁架型号			混凝土体积 /m³	底板自重 /t
					编号	长度/mm	重量/kg		
DBS2－67－5112－X1	4920	70	50	24	B80	4820	9.55	0.256	0.665
DBS2－68－5112－X1					B90		9.69		
DBS2－67－5412－X1	5220	150	70	25	B80	5120	10.15	0.282	0.705
DBS2－68－5412－X1					B90		10.29		
DBS2－67－5712－X1	5520	70	50	27	B80	5420	10.74	0.298	0.745
DBS2－68－5712－X1					B90		10.90		
DBS2－67－6012－X1	5820	150	70	28	B80	5720	11.33	0.314	0.785
DBS2－68－6012－X1					B90		11.50		

　　宽度方向板筋间距为200mm，其中，最左侧的宽度方向板筋距板边a1，最右侧的宽度方向板筋距板边a2。沿宽度方向外伸290mm后做135°弯钩，弯钩平直段长度40mm。距板边25mm处布置宽度方向端部板筋，沿宽度方向通长，不外伸，每端布置1道。

　　长度方向板筋自板边25mm处开始布置，在桁架钢筋位置处不重复布置，在桁架钢筋之间按200mm间距布置。长度方向板筋在两侧支座处均外伸90mm（图2.24，表2.7）。

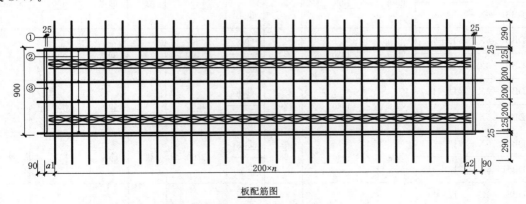

板配筋图

　　注　1. ①号钢筋弯钩角度为135°，弯弧内直径D为32 mm。
　　　　2. ②号钢筋位于①号钢筋上层，桁架下弦钢筋与②号钢筋同层。
　　　　3. 倒角尺寸大样见本图集第81页。
　　　　4. 吊点位置及附加钢筋见本图集第67~80页。

图2.24　宽1200双向板底板中板配筋图
（摘自图集15G366－1第32页）

　　不同编号的底板可根据实际板底宽度、长度及现浇层厚度在底板参数表（表2.6）及底板配筋表（表2.7）中查找对应信息。

表 2.7　　　　宽 1200 双向板底板中板配筋表（摘自图集 15G366 - 1 第 32 页）

底板编号 （X 代表 7、8）	①			②			③		
	规格	加工尺寸	根数	规格	加工尺寸	根数	规格	加工尺寸	根数
DBS2 - 6X - 3012 - 11	$\Phi 8$	40 ⌐1480¬ 40	14	$\Phi 8$	3000	4	$\Phi 6$	850	2
DBS2 - 6X - 3012 - 31				$\Phi 10$					
DBS2 - 6X - 3312 - 11	$\Phi 8$	40 ⌐1480¬ 40	16	$\Phi 8$	3300	4	$\Phi 6$	850	2
DBS2 - 6X - 3312 - 31				$\Phi 10$					
DBS2 - 6X - 3612 - 11	$\Phi 8$	40 ⌐1480¬ 40	17	$\Phi 8$	3600	4	$\Phi 6$	850	2
DBS2 - 6X - 3612 - 31				$\Phi 10$					
DBS2 - 6X - 3912 - 11	$\Phi 8$	40 ⌐1480¬ 40	19	$\Phi 8$	3900	4	$\Phi 6$	850	2
DBS2 - 6X - 3912 - 31				$\Phi 10$					
DBS2 - 6X - 4212 - 11	$\Phi 8$	40 ⌐1480¬ 40	20	$\Phi 8$	4200	4	$\Phi 6$	850	2
DBS2 - 6X - 4212 - 31				$\Phi 10$					
DBS2 - 6X - 4512 - 11	$\Phi 8$	40 ⌐1480¬ 40	22	$\Phi 8$	4500	4	$\Phi 6$	850	2
DBS2 - 6X - 4512 - 31				$\Phi 10$					
DBS1 - 6X - 4812 - 11	$\Phi 8$	40 ⌐1480¬ 40	23	$\Phi 8$	4800	4	$\Phi 6$	850	2
DBS1 - 6X - 4812 - 31				$\Phi 10$					
DBS1 - 6X - 5112 - 11	$\Phi 8$	40 ⌐1480¬ 40	25	$\Phi 8$	5100	4	$\Phi 6$	850	2
DBS1 - 6X - 5112 - 31				$\Phi 10$					
DBS1 - 6X - 5412 - 11	$\Phi 8$	40 ⌐1480¬ 40	26	$\Phi 8$	5400	4	$\Phi 6$	850	2
DBS1 - 6X - 5412 - 31				$\Phi 10$					
DBS1 - 6X - 5712 - 11	$\Phi 8$	40 ⌐1480¬ 40	28	$\Phi 8$	5700	4	$\Phi 6$	850	2
DBS1 - 6X - 5712 - 31				$\Phi 10$					
DBS1 - 6X - 6012 - 11	$\Phi 8$	40 ⌐1480¬ 40	29	$\Phi 8$	6000	4	$\Phi 6$	850	2
DBS1 - 6X - 6012 - 31				$\Phi 10$					

3. 宽 1200 单向板底板（图集 15G366 - 1 第 57 页）

叠合板单向板底板模板图和配筋图与双向板底板较为类似。但因单向板为双边支撑，仅在纵向受力变形，故可见单向板仅在两短边方向延伸出钢筋，两长边方向不再延伸钢筋。叠合板单向板底板的识图如下。

预制板混凝土面宽度 1200mm，预制板混凝土面长度 l_0，预制板两个宽度方向侧边及顶面均设置粗糙面，预制板底面为模板面。预制混凝土层厚度 60mm。

沿长度方向布置两道桁架钢筋，桁架中心线距离板边300mm，桁架中心线间距600mm，桁架钢筋端部距离板边50mm（图2.25，表2.8）。

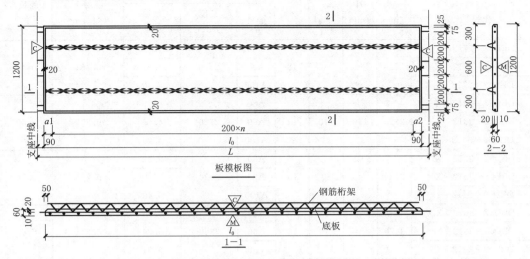

图 2.25 宽1200单向板底板模板图

（摘自图集15G366-1第57页）

宽度方向板筋距板边左右两侧均以 a_1 开始布置，间距为200mm，沿宽度方向通长，不外伸。距板边25mm处布置宽度方向端部板筋，沿宽度方向通长，不外伸，每端各布置1道。

长度方向板筋以桁架钢筋为基准，间距200m布置，在桁架钢筋位置处不重复布置，在桁架钢筋之间布置2道，两道桁架钢筋外侧200mm各布置一道。板边25m处布置长度方向端部板筋，长度方向板筋在两侧支座处约外伸90mm（图2.26，表2.9）。

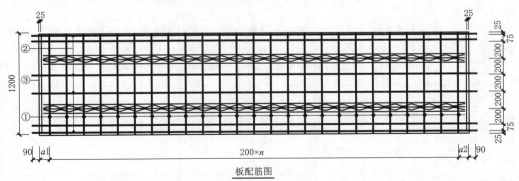

注 1. 当现浇叠合层厚度为90mm时，②号钢筋仅有 ϕ10一种规格。
2. ②号钢筋位于①号钢筋上层，桁架下弦钢筋与②号钢筋同层。
3. 倒角尺寸大样见本图集第81页。
4. 吊点位置及附加钢筋见本图集第67~80页。

图 2.26 宽1200单向板底板配筋图

（摘自图集15G366-1第57页）

不同编号的底板可根据实际板底宽度、长度及现浇层厚度在底板参数表（表2.8）及底板配筋表（表2.9）中查找对应信息。

表 2.8　　　　　　　宽 1200 单向板底板参数表（摘自图集 15G366 - 1 第 57 页）

底板编号 （X 代表 1、3）	l_0 /mm	a1 /mm	a2 /mm	n	桁架型号			混凝土 体积/m³	底板自 重/t
					编号	长度 /mm	重量 /kg		
DBD67 - 2712 - X	2520	60	60	12	A80	2420	4.26	0.181	0.454
DBD68 - 2712 - X					A90		4.33		
DBD69 - 2712 - 3					A100		4.40		
DBD67 - 3012 - X	2820	110	110	13	A80	2720	4.79	0.203	0.507
DBD68 - 3012 - X					A90		4.87		
DBD69 - 3012 - 3					A100		4.95		
DBD67 - 3312 - X	3120	60	60	15	A80	3020	5.32	0.225	0.562
DBD68 - 3312 - X					A90		5.40		
DBD69 - 3312 - 3					A100		5.49		
DBD67 - 3612 - X	3420	110	110	16	A80	3320	5.85	0.246	0.615
DBD68 - 3612 - X					A90		5.94		
DBD69 - 3612 - 3					A100		6.04		
DBD67 - 3912 - X	3720	60	60	18	B80	3620	7.18	0.268	0.670
DBD68 - 3912 - X					B90		7.28		
DBD69 - 3912 - 3					B100		7.39		
DBD67 - 4212 - X	4020	110	110	19	B80	3920	7.77	0.289	0.724
DBD68 - 4212 - X					B90		7.88		
DBD69 - 4212 - 3					B100		8.00		

表 2.9　　　　　　　宽 1200 单向板底板配筋表（摘自图集 15G366 - 1 第 57 页）

底板编号 （X 代表 7、8、9）	①			②			③		
	规格	加工尺寸	根数	规格	加工尺寸	根数	规格	加工尺寸	根数
DBD6X - 2712 - 1	$\Phi 6$	1170	13	$\Phi 8$	2700	6	$\Phi 6$	1170	2
DBD6X - 2712 - 3				$\Phi 10$					
DBD6X - 3012 - 1	$\Phi 6$	1170	14	$\Phi 8$	3000	6	$\Phi 6$	1170	2
DBD6X - 3012 - 3				$\Phi 10$					
DBD6X - 3312 - 1	$\Phi 6$	1170	16	$\Phi 8$	3300	6	$\Phi 6$	1170	2
DBD6X - 3312 - 3				$\Phi 10$					
DBD6X - 3612 - 1	$\Phi 6$	1170	17	$\Phi 8$	3600	6	$\Phi 6$	1170	2
DBD6X - 3612 - 3				$\Phi 10$					
DBD6X - 3912 - 1	$\Phi 6$	1170	19	$\Phi 8$	3900	6	$\Phi 6$	1170	2
DBD6X - 3912 - 3				$\Phi 10$					
DBD6X - 4212 - 1	$\Phi 6$	1170	20	$\Phi 8$	4200	6	$\Phi 6$	1170	2
DBD6X - 4212 - 3				$\Phi 10$					

2.4.2 吊点位置（图集 15G366‑1 第 67～80 页）

图 2.27、图 2.28 分别为宽 2400 双向板和单向板吊点位置示意图。

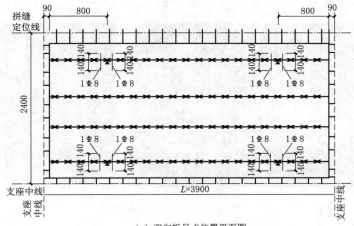

（a）双向板吊点位置平面图

（b）双向板吊点位置剖面图

图 2.27 宽 2400 双向板吊点位置示意图

（摘自图集 15G366‑1 第 69 页）

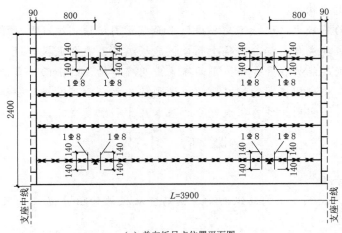

（a）单向板吊点位置平面图

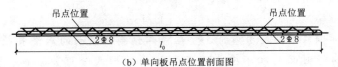

（b）单向板吊点位置剖面图

图 2.28 宽 2400 单向板吊点位置示意图

（摘自图集 15G366‑1 第 79 页）

一般四点起吊，如图2.29所示。为使吊点处板面的负弯矩与吊点之间的正弯矩大致相等，确定吊点位置在离板边 $L/5\pm100$mm（L 为板跨长度）处，且需设置在桁架的波峰处（当桁架钢筋节点代替吊环作为吊点的位置时）。为安全起见，板宽大于2m，

图2.29　叠合板吊装图

板宽方向中间需设置吊点；板跨大于3.8m时，板跨中需设置吊点，两侧吊点位置调整到离板边 $L/6\pm100$mm处，且需设置在桁架的波峰处（当桁架钢筋节点代替吊环作为吊点的位置时）。

本 章 小 结

本章介绍了预制混凝土楼板的分类，着重介绍了叠合楼板的构造要求，包括不同情况下的接缝构造与支座构造。

在了解构造的基础上，进行了叠合楼板平面布置图识读训练，要求学生掌握叠合楼板施工图、叠合楼板现浇层、标准图集中叠合板底板编号、叠合底板接缝、水平后浇带和圈梁标注等制图规则，能够在叠合楼板平面布置中明确各构件的平面分布情况。

还进行了叠合楼板模板图和钢筋图的识读训练，要求学生掌握叠合楼板模板图和钢筋图的识读方法，能够明确构件各组成部分的基本尺寸和配筋情况。

课 后 习 题

一、单项选择题

1. 板端支座处，预制板内的纵向受力钢筋宜从板端伸出并锚入支承墙的后浇混凝土中，锚固长度不应小于（　）。

A. $5d$ B. $8d$

C. $10d$ D. $15d$

2. 当板底分部钢筋不伸入支座时，宜在紧邻预制板顶面的后浇混凝土叠合层中设置附加钢筋，附加钢筋截面面积不宜小于预制板内的同向分部钢筋面积，间距不宜大于（　）mm。

A. 200   B. 250

C. 300   D. 600

3. 接缝处紧邻预制板顶面宜设置垂直于板缝的附加钢筋，附加钢筋深入两侧后浇混凝土叠合层的锚固长度不应小于（　）。

A. 5d

B. 10d

C. 15d

D. 18d

4. 附加钢筋截面面积不宜小于预制板中该方向钢筋面积，钢筋直径不宜小于（　）mm。

A. 6

B. 8

C. 10

D. 12

5. 当叠合板接缝采用后浇带形式时，后浇带宽度不宜小于（　）。

A. 150mm

B. 200mm

C. 250mm

D. 300mm

6. 桁架钢筋间距不宜大于（　）mm。

A. 300

B. 400

C. 500

D. 600

7. 制作预制楼板时，铺设好钢筋网片后，要进行桁架的放置，钢筋网片的钢筋有上下之分，下列说法不正确的是（　）。

A. 受力钢筋在下，分布钢筋在下

B. 桁架的方向宜与上部钢筋的方向平行

C. 宽度方向水平筋在下，长度方向水平筋在上

D. 桁架下弦钢筋与长度方向水平筋同层

8. 桁架钢筋弦杆混凝土保护层厚度不应小于（　）mm 。

A. 15

B. 20

C. 25

D. 30

二、多项选择题

1. 关于叠合楼板，下列说法正确的是（　）。

A. 当板跨度大于 6m 时，宜采用桁架钢筋混凝土叠合板

B. 叠合板按预制板接缝构造、支座构造、长宽比等可分为单向板和双向板

C. 对于板端支座，只需设置附加钢筋，板底钢筋无须伸入支座内

D. 对于分离式拼缝，需将板底钢筋锚入后加叠合层

E. 板侧采用分离式拼缝设计，则该板一定是单向板

2. 预制混凝土楼面板按照制造工艺不同可分为（　）。

A. 预制混凝土叠合板

B. 预制混凝土实心板

C. 预制混凝土空心板

D. 预制混凝土夹芯板

E. 预制混凝土双 T 板

3. 叠合板应按现行国家标准《混凝土结构设计规范》（GB 50010—2010）进行设计，并应符合下列规定：（　）。

A. 叠合板的预制板厚度不宜小于 60mm，后浇混凝土叠合层厚度不应小于 60mm

B. 当叠合板的预制板采用空心板时，板端空腔应封堵

C. 跨度大于 3m 的叠合板，宜采用桁架钢筋混凝土叠合板

D. 跨度大于 6m 的叠合板，宜采用预应力混凝土预制板

E. 板厚大于 180mm 的叠合板，宜采用混凝土空心板

4. 叠合板接缝可采用后浇带形式，并应符合下列规定（　　）。

A. 后浇带宽度不宜小于 200mm

B. 后浇带两侧板底纵向受力钢筋可在后浇带中焊接、搭接连接、弯折锚固

C. 当后浇带两侧板底纵向受力钢筋在后浇带中弯折锚固时，叠合板厚度不应小于 10d（d 为弯折钢筋直径的较大值）

D. 叠合板厚度不应小于 120mm

E. 垂直于接缝的板底纵向受力钢筋配置量宜按计算结果增大 15％配置

5. 桁架钢筋混凝土叠合板应满足下列要求（　　）。

A. 桁架钢筋应沿主要受力方向布置

B. 桁架钢筋距板边不应大于 300mm，间距不宜大于 600mm

C. 桁架钢筋弦杆钢筋直径不宜小于 8mm，腹杆钢筋直径不应小于 4mm

D. 桁架钢筋弦杆混凝土保护层厚度不应小于 20mm

6. 下列关于叠合楼板平面布置图的描述正确的是（　　）。

A. 叠合楼板平面布置图主要包括预制底板平面布置图、现浇层配筋图、水平后浇带或圈梁布置图

B. 所有叠合板板块应逐一编号，相同编号的板块可择其一做集中标注，其他仅注写置于圆圈内的板编号

C. 预制底板平面布置图中只需要标注叠合板编号、预制底板编号

D. 预制底板为单向板时，需标注板边调节缝和定位；预制底板为双向板时还应标注接缝尺寸和定位

E. 当板面标高不同时，标注底板标高高差，下降为负 （一）

7. 叠合板编号，由（　　）组成。

A. 叠合板代号　　　　　　　　　　B. 序号

C. 标志宽度　　　　　　　　　　　D. 标志跨度

E. 叠合板厚度

8. 下列桁架钢筋混凝土叠合板用底板的编号表述正确的是（　　）。

A. DBD67 - 3620 - 2 表示为单向受力叠合板用底板，预制底板厚度为 60mm，后浇叠合层厚度为 70mm，预制底板的标志跨度为 3600mm，预制底板的标志宽度为 2000mm，底板跨度方向配筋为 ϕ 8@150

B. DBS1 - 68 - 3320 - 31，表示双向受力叠合板用底板，拼装位置为中板，预制底板厚度为 60mm，后浇叠合层厚度为 80mm，预制底板的标志跨度为 3300mm，预制底板的标志宽度为 2000mm，底板跨度方向配筋为 ϕ 10@200，底板宽度方向配筋为 ϕ 8@200

C. DBS1 - 67 - 3620 - 31 表示双向受力叠合板用底板，拼装位置为边板，预制底板厚度为 60mm，后浇叠合层厚度为 70mm，预制底板的标志跨度为

3600mm，预制底板的标志宽度为 2000mm，底板跨度方向配筋为 Φ 10@200，底板宽度方向配筋为 Φ 8@200

D. DBS2－67－3620－31 表示双向受力叠合板用底板，拼装位置为中板，预制底板厚度为 60mm，后浇叠合层厚度为 70mm，预制底板的标志跨度为 3600mm，预制底板的标志宽度为 2000mm，底板跨度方向配筋为 Φ 10@200，底板宽度方向配筋为 Φ 8@200

E. DBD68－3615－2 表示为双向受力叠合板用底板，预制底板厚度为 60mm，后浇叠合层厚度为 80mm，预制底板的标志跨度为 3600mm，预制底板的标志宽度为 1500mm，底板跨度方向配筋为 Φ 8@150

项目3 预制剪力墙

学习目标

(1) 熟悉预制剪力墙的分类及构造。

(2) 了解预制剪力墙连接处构造。

(3) 掌握预制剪力墙平面布置图的识读方法。

(4) 掌握预制剪力墙外墙板和内墙板的识读方法。

(5) 掌握预制墙连接节点详图的识读方法，能够正确识读预制墙连接节点详图。

3.1 认识预制剪力墙

剪力墙结构是多高层建筑最常用的结构形式之一。建筑结构中往往会通过设置剪力墙来抵抗结构所承受的风荷载或地震作用引起的水平作用力，防止结构剪切破坏。

装配式剪力墙结构与装配式框架结构相比，结构中存在大量的水平接缝、竖向接缝以及节点，又因为国外应用不多，有关研究、试验和经验也比较少，故《装规》中关于剪力墙装配式建筑的规定比较慎重，偏安全。剪力墙结构的PC化还有许多课题和试验工作需要深入。

预制混凝土剪力墙从连接方式的不同分为预制实心剪力墙、预制双面叠合剪力墙、预制圆孔板剪力墙、型钢混凝土剪力墙。

3.1.1 预制实心剪力墙

预制实心剪力墙是指将混凝土剪力墙在工厂预制成实心构件，并在现场通过预留钢筋与主体结构相连接。随着灌浆套筒在预制剪力墙中的使用，预制实心剪力墙的使用越来越广泛，如图3.1、图3.2所示。

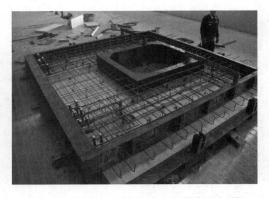

图 3.1　预制实心剪力墙（成品）　　　　图 3.2　预制实心剪力墙（支模绑扎钢筋）

预制混凝土夹心保温剪力墙是一种结构保温一体化的预制实心剪力墙，由外叶、内叶和中间层三部分组成。内叶是预制混凝土实心剪力墙，中间层为保温隔热层，外叶为保温隔热层的保护层，俗称"三明治"夹心外墙板，如图 3.3 所示。保温隔热层与内外叶之间采用拉结件连接。拉结件可以采用玻璃纤维钢筋或不锈钢拉结件。预制混凝土夹心保温剪力墙通常作为建筑物的承重外墙，如图 3.4 所示。上下层预制外墙板的竖向钢筋采用套筒灌浆连接，相邻预制外墙板之间的水平钢筋采用整体式接缝连接。预制剪力墙内墙板没有保温层，其构造要求同外墙板内叶板基本相同。

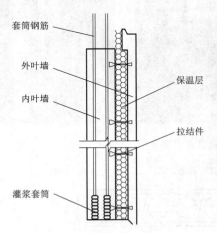

图 3.3　"三明治"夹心外墙板示意图　　　　图 3.4　预制混凝土夹心保温剪力墙

3.1.2　双面叠合剪力墙

双面叠合剪力墙结构最初起源于德国，并在欧洲得到广泛应用。双面叠合剪力墙是由两层预制混凝土墙板与连接两层预制墙板的桁架钢筋制作而成，在工厂预制完成时，板与板之间内含空腔，现场安装就位后再在空腔内浇筑混凝土，由此形成的预制和现浇混凝土共同承受竖向荷载与水平力作用的墙体。俗称"双皮墙"。

与夹心混凝土预制墙板相比，双面叠合剪力墙由于其空腔的尺寸比上下构件的竖向钢筋在空腔内布置、搭接所需要的空间尺寸大很多，因此具有制作简单，施工方便等优势，结构的整体性也得到了提高，剪力墙在边缘构件区域采用现浇，其余非边缘构件区域采用双面叠合剪力墙，虽然双面叠合预制墙板体系尚无相应的设计规范及相应的验收标准，但在我国上海和合肥等地已有所应用，如图 3.5 所示。宝业集团有限公司是国内装配式建筑领军企业之一，已有多个双面叠合预制墙板体系应用实例。

3.1.3　预制圆孔板剪力墙

预制圆孔板剪力墙是在墙板中预留圆孔，即做成圆孔空心板。现场安装后，上下构件的竖向钢筋网片在圆孔内布置、搭接，然后在圆孔内浇筑微膨胀混凝土形成实心板，如图 3.6 所示。与双面叠合剪力墙类似，预制圆孔板剪力墙不需要套筒或浆锚连接，采用后浇混凝土形式，具有整体性好，板两面光洁的特点。

3.1.4　型钢混凝土剪力墙

型钢混凝土剪力墙是在预制墙板的边缘构件设置型钢，拼缝位置设置钢板预埋件，型

图 3.5　预制叠合剪力墙

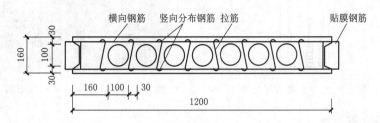

图 3.6　预制圆孔板剪力墙

钢和钢板预埋件在拼缝位置采用焊接或螺栓连接的装配式剪力墙结构，如图 3.7 所示。

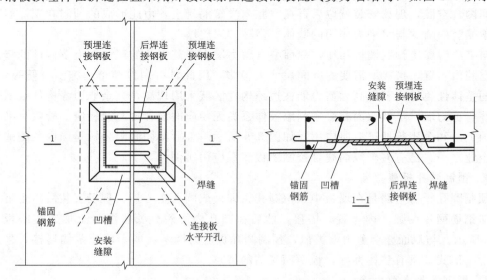

图 3.7　型钢混凝土剪力墙连接示意图

3.2 认识预制剪力墙的设计、构造要求

3.2.1 预制剪力墙拆分设计原则

（1）《装规》规定，在结构重要和薄弱位置宜采用现浇结构，具体包括：

1）高层装配整体式剪力墙结构底部加强部分的剪力墙。

2）采用部分框支剪力墙结构时，框支层及相邻上一层剪力墙结构。

3）带转换层的装配整体式剪力墙结构中的转换梁、转换柱。

（2）预制剪力墙宜按建筑开间和进深尺寸划分，高度不宜大于层高；预制墙板的划分还应考虑预制构件制作、运输、吊运、安装的尺寸限制。

（3）预制剪力墙的拆分应符合模数协调原则，优化预制构件的尺寸和形状，减少预制构件的种类。

（4）预制剪力墙的竖向拆分宜在各层层高处进行。

（5）预制剪力墙的水平拆分应保证门窗洞口的完整性，便于部品标准化生产。

（6）预制剪力墙结构最外部转角应采取加强措施，当不满足设计的构造要求时可采用现浇构件。

3.2.2 预制剪力墙的构造要求

《装规》对预制剪力墙的构造要求做出了具体规定，具体包括以下内容：

（1）预制剪力墙宜就采用一字形也可采用 L 形，T 形或 U 形；开洞预制剪力墙洞口宜居中布置，洞口两侧的墙肢宽度不应小于 200mm，洞口上方连梁高度不宜小于 250mm。

（2）预制剪力墙的连梁不宜开洞；当需开洞时，洞口宜预埋套管，洞口上、下截面的有效高度不宜小于梁高的 1/3，且不宜小于 200mm；被洞口削弱的连梁截面应进行承载力验算，洞口处应配置补强纵向钢筋和箍筋，补强纵向钢筋的直径不应小于 12mm。

（3）预制剪力墙开有边长小于 800mm 的洞口且在结构整体计算中不考虑其影响时，应沿洞口周边配置补强钢筋；补强钢筋的直径不应小于 12mm，截面面积不应小于同方向被洞口截断的钢筋面积；该钢筋自孔洞边角算起伸入墙内的长度，非抗震设计时不应小于 l_a，抗震设计时不应小于 l_{aE}，如图 3.8 所示。

（4）端部无边缘构件的预制剪力墙，宜在端部配置 2 根直径不小于 12mm 的竖向构造钢筋；沿该钢筋竖向应配置拉筋，拉筋直径不宜小于 6mm，间距不宜大于 250mm。

3.2.3 双面叠合剪力墙的构造要求

1. 尺寸要求

双面叠合剪力墙宜采用一字形。开洞叠合剪力墙洞口宜居中布置，洞口两侧的墙

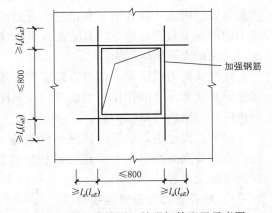

图 3.8 预制剪力墙洞口补强钢筋配置示意图

肢宽度，外墙不应小于 500mm，内墙不应小于 300mm；洞口上方连梁高度不宜小于 400mm。

叠合墙体总厚度等于 2 倍的墙体单页厚度加上空腔厚度，内外叶预制墙体单叶厚度不宜小于 50mm，空腔厚度不宜小于 100mm，因此叠合墙截面总厚度不应小于 200mm。两片预制墙板的内表面应做成凹凸深度不小于 4mm 的粗糙面。

叠合墙的连梁不宜开洞。当需开洞时，洞口宜埋设套管，洞口上、下截面的有效高度不宜小于梁高的 1/3，且不宜小于 200mm。被洞口削弱的连梁截面应进行承载力验算，洞口处应配置补强纵向钢筋和箍筋，补强纵向钢筋直径不应小于 12mm。

叠合墙板的宽度不宜大于 6m，高度不宜大于楼层高度。

2. 混凝土要求

双面叠合剪力墙由于桁架筋的存在，会对混凝土振捣产生一定影响。为满足振捣要求，叠合墙空腔内宜浇筑自密实混凝土，自密实混凝土应符合现行行业标准《自密实混凝土应用技术规程》（JGJ/T 283—2012）的规定。或采用普通混凝土时，混凝土粗骨料的最大粒径不宜大于 25mm，并应采取保证后浇混凝土浇筑质量的措施。

3. 螺栓孔要求

叠合墙由于内外叶墙厚度只有 60mm，在浇筑空腔混凝土时，为避免将内外叶墙胀裂，需要根据浇筑混凝土产生的压力设计螺栓孔，便于穿螺栓施工。

4. 桁架筋要求

双面叠合剪力墙预制墙板内配置的桁架钢筋应满足一定要求：①桁架钢筋应沿竖向布置，中心间距不应大于 400mm，边距不应大于 200mm，且每块墙板至少设置 2 榀；②上弦钢筋直径不应小于 10mm，下弦、斜向腹杆钢筋直径不应小于 6mm；③桁架钢筋的上、下弦钢筋可作为墙板的竖向分布筋考虑。

3.3 认识预制剪力墙连接构造

装配整体式剪力墙结构中存在着大量的水平接缝、竖向接缝以及节点，将预制构件连接成整体，使得整个结构具有足够的承载能力、刚度和延性，以及抗震、抗偶然荷载、抗风的能力。因此，这些节点和接缝的受力性能直接决定结构的整体性能，受力合理、方便施工的墙板节点和接缝设计是装配式剪力墙结构设计的关键技术，是决定该结构形式能否推广应用的重要影响因素。

装配式剪力墙结构中的节点除了有将各预制构件相互连接的作用外，还可以起到局部调整预制墙体尺寸的作用。当建筑物开间尺寸与预制墙板尺寸不协调，可改变单侧或两侧后浇段长度来进行局部调整。

在节点设计中，应考虑到整体建筑施工的经济性及方便性，可在设计时将节点标准化，减少节点类型以便节约现浇模板的种类与数量，降低装配式建筑造价。下面将《装规》中相关内容一一介绍。

3.3.1 相邻剪力墙竖缝连接构造

预制构件的连接点设计应满足结构承载力和抗震性能要求，宜构造简单，受力明确，方便施工。

《装规》第8.3.1条规定：楼层内相邻预制剪力墙之间应采用整体式接缝连接，且应符合下列规定。当接缝位于纵横墙交接处的约束边缘构件区域时，约束边缘构件的阴影区域宜全部采用后浇混凝土，如图3.9所示，并应在后浇段内设置封闭箍筋。当接缝位于纵横墙交接处的构造边缘构件位置时，构造边缘构件宜全部采用后浇混凝土，如图3.10所示；当仅在一面墙上设置后浇段时，后浇段的长度不宜小于300mm，如图3.11所示。

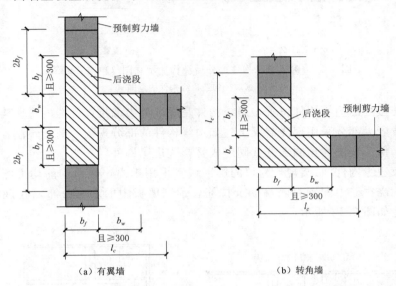

（a）有翼墙　　　　　　　　（b）转角墙

图3.9　约束边缘构件阴影区域全部后浇混凝土构造示意图（单位：mm）

b_f—翼缘宽度；b_w—腹板宽度；l_c—约束边缘构件沿墙肢的长度

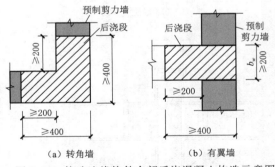

（a）转角墙　　　　（b）有翼墙

图3.10　构造边缘构件全部后浇混凝土构造示意图

（单位：mm）

阴影区域—构造边缘构件的范围

边缘构件内的配筋及构造要求应符合现行国家标准《建筑抗震设计规范》（GB 50011—2010）的有关规定；预制剪力墙的水平分布筋在后浇段内的锚固、连接应符合现行国家标准《混凝土结构设计规范》（GB 50010—2010）的有关规定。

在边缘构件位置，相邻预制剪力墙之间应设置后浇段，后浇段的宽度不应小于墙厚且不宜小于200mm；后浇段内应设置不少于4根竖向钢筋，钢筋直径不应小于墙体竖向分布筋直径且不应小于8mm；两侧墙体的水平分布筋在后浇段内的锚固、连接应符合现行国家标准《混凝土结构设计规范》（GB 50010—2010）的有关规定。

相邻剪力墙竖缝位置的确定首先要尽量避免拼缝对结构整体性能的影响，还要考虑建筑功能和艺术效果，便于生产、运输和安装。当主要采用一字形墙板构件时，拼缝通常位

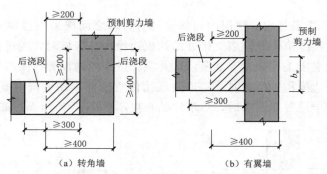

图 3.11　构造边缘构件部分后浇构造示意图（单位：mm）

阴影区域—构造边缘构件的范围

于纵横墙片交接处的边缘构件位置，边缘构件是保证剪力墙抗震性能的重要构件，《装规》主张宜全部或者大部分采用现浇混凝土。如边缘构件的部分现浇，部分预制，则应采取可靠连接措施，保证现浇与预制部分共同组成叠合式边缘构件。

　　对于约束边缘构件，《装规》建议阴影区域宜采用现浇，竖向钢筋均可配置在现浇拼缝内，且在现浇拼缝内配置封闭箍筋及拉筋，预制墙板中的水平分布筋在现浇拼缝内锚固，具体构造如图 3.12 所示。

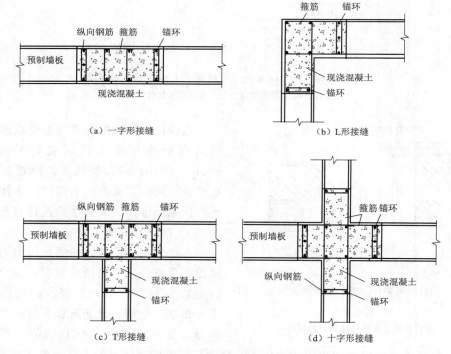

图 3.12　预制剪力墙与现浇边缘构件连接构造

3.3.2　相邻剪力墙水平缝连接构造

　　预制剪力墙水平接缝宜设置在楼面标高处，接缝高度宜为 20mm，接缝处宜采用坐浆料填实，预制剪力墙接缝处宜设置粗糙面。

对于上下层预制剪力墙的竖向钢筋，当采用钢筋套筒灌浆连接或浆锚搭接连接时，应符合下列规定。

（1）边缘构件竖向钢筋应逐根连接。由于边缘构件是保证剪力墙抗震性能的重要构件，而且钢筋较粗，因此要求每根钢筋应逐根连接。

（2）预制剪力墙的竖向分布钢筋可采用部分连接，如图 3.13 所示，被连接的同侧钢筋间距不应大 600mm，且在剪力墙构件承载力设计和分布钢筋配筋率计算中不得计入不连接的分布钢筋，不连接的竖向分布钢筋直径不应小于 6mm。

（3）一级抗震等级剪力墙以及二、三级抗震等级剪力墙底部加强部位，剪力墙的边缘构件竖向钢筋宜采用钢筋套筒灌浆连接。

（4）预制剪力墙相邻下层为现浇剪力墙时，预制剪力墙与下层现浇剪力墙中竖向钢筋的连接应符合前述规定，下层现浇剪力墙顶面应设置粗糙面。

（5）上下剪力墙采用钢筋套筒连接时，在套筒长度＋300mm 的范围内，在原设计箍筋间距的基础上加密箍筋，如图 3.14 所示。加密区水平分布钢筋的最大间距及最小直径应符合表 3.1 的规定，套筒上端第一道水平分布钢筋距离套筒顶部不应大于 50mm。

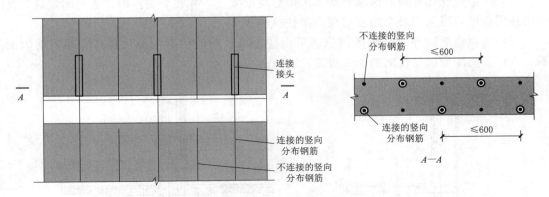

图 3.13　预制剪力墙竖向分布钢筋连接构造示意图

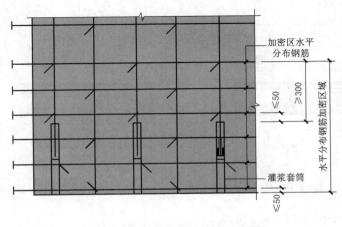

图 3.14　叠合剪力墙连接示意图

表 3.1 加密区水平分布钢筋的要求

抗震等级	最大间距/mm	最小直径/mm
一级	100	8
二级	150	8

3.3.3 双面叠合墙竖缝连接构造

双面叠合墙与现浇墙通过预制墙内外伸的水平钢筋连接成为一体,此种连接方式保证即使内外叶墙没有被桁架筋连接牢固也能使内外叶墙很好地与现浇墙连接成为一体。有些地区通过空腔内设置短钢筋与暗柱连接成一体,此种方式施工更方便,但是对构件生产和施工都有较高的要求,目前多采用前者方式。

下面分别从约束边缘构件和构造边缘构件两种类型介绍竖缝的连接构造。

1. 约束边缘构件的竖缝连接构造

双面叠合剪力墙结构约束边缘构件内的配筋及构造要求应符合国家现行标准《建筑抗震设计规范》(GB 50011—2010) 和《高层建筑混凝土结构技术规程》(JGJ 3—2010) 的有关规定,并应符合下列规定。

(1) 约束边缘构件阴影区域宜全部采用后浇混凝土,并在后浇段内设置封闭箍筋,其中暗柱阴影区域可采用叠合暗柱或现浇暗柱 (图 3.15)。

(2) 约束边缘构件非阴影区的拉筋可由叠合墙板内的桁架钢筋代替,桁架钢筋的面积、直径、间距应满足拉筋的相关规定。

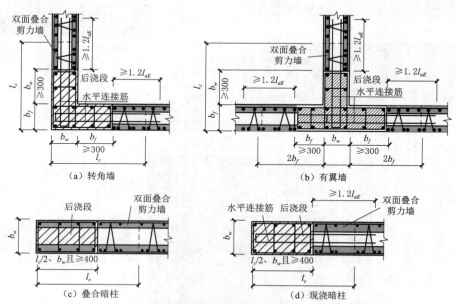

图 3.15 约束边缘构件 (单位:mm)

l_c—约束边缘构件沿墙肢的长度;b_f—翼缘宽度;b_w—腹板宽度;l_{aE}—抗震设计时钢筋计算锚固长度

2. 构造边缘构件的竖缝连接构造

预制双面叠合剪力墙构造边缘构件内的配筋及构造要求应符合国家现行标准《建筑抗

震设计规范》（GB 50011—2010）和《高层建筑混凝土结构技术规程》（JGJ 3—2010）的有关规定。构造边缘构件宜全部采用后浇混凝土，并在后浇段内设置封闭箍筋，其中暗柱可采用叠合暗柱或现浇暗柱（图 3.16）。

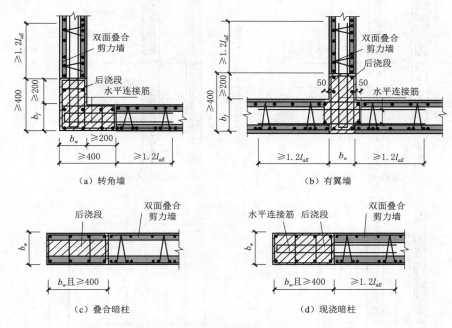

图 3.16　构造边缘构件（单位：mm）

3.3.4　双面叠合板水平缝连接构造

　　叠合板式剪力墙水平接缝宜设置在楼面标高处，接缝高度不应小于 50mm 且不宜大于 70mm；接缝内应设置不少 2 根直径 12mm 的通长水平钢筋，通长水平钢筋间沿接缝还应设置拉筋，拉筋直径不应小于 6mm，间距不宜大于 450mm；接缝处预制墙板及后浇混凝土上表面应设置粗糙面；接缝宜与楼板后浇叠合层混凝土一同浇筑并填充密实。

　　叠合板式剪力墙水平接缝处应设置竖向连接钢筋，竖向连接钢筋截面需要满足接缝处水平抗剪的要求，这是由水平抗剪计算确定的，且其抗拉承载力不宜小于预制墙板内竖向分布钢筋抗拉承载力的 1.1 倍；竖向钢筋需要与内外叶墙板留有一定的间距，不宜小于 10mm，以保证钢筋的握裹力，并应符合《叠合板式混凝土剪力墙结构技术规程》（DB33/T 1120—2016）有关规定，具体如下。

　　（1）底部加强部位，连接钢筋应交错布置，上下端头错开的距离不应小于 500mm；非抗震设计时，连接钢筋锚固长度不应小于 $1.2l_a$；抗震设计时，连接钢筋锚固长度不应小于 $1.2l_{aE}$，如图 3.17 所示。

　　（2）连接钢筋的间距不应大于叠合剪力墙的预制板中竖向分布钢筋的间距，且不宜大于 200mm。

　　（3）连接钢筋的直径不应小于叠合剪力墙预制板中竖向分布钢筋的直径。

3.1

认识双面叠合
板式剪力墙结构

47

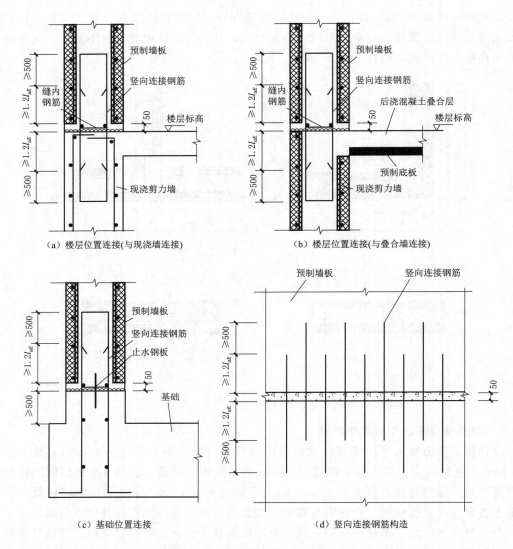

（a）楼层位置连接(与现浇墙连接)　　　　（b）楼层位置连接(与叠合墙连接)

（c）基础位置连接　　　　　　　（d）竖向连接钢筋构造

图 3.17　双面叠合剪力墙水平接缝构造示意图（单位：mm）

3.4　识读剪力墙平面布置图

　　本学习任务是能识读给出的剪力墙布置图示例（图集 15G107－1 第 B－4 页），读懂预制外墙板和内墙板的制图规则，明确各墙板构件的平面分布情况。

3.4.1　预制混凝土剪力墙基本制图规则

　　预制混凝土剪力墙平面布置图示例应按标准层绘制，内容包括预制剪力墙、现浇混凝土墙体、后浇段、现浇梁、楼面梁、水平后浇带和圈梁等。

3.2　▶

识读预制剪力墙布置图

结构层楼面标高和结构层高在单项工程中必须统一。为方便施工，剪力墙平面布置图应标注结构楼层标高（图3.18），并注明上部嵌固部位位置。

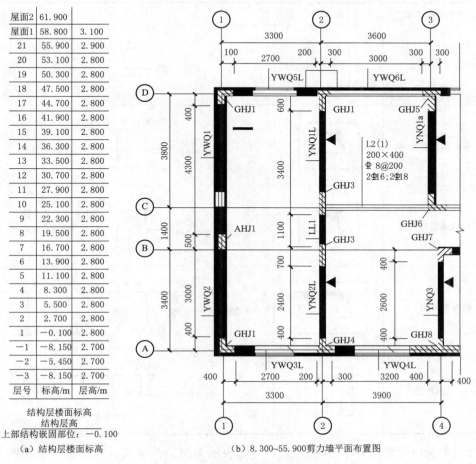

层号	标高/m	层/m
屋面2	61.900	
屋面1	58.800	3.100
21	55.900	2.900
20	53.100	2.800
19	50.300	2.800
18	47.500	2.800
17	44.700	2.800
16	41.900	2.800
15	39.100	2.800
14	36.300	2.800
13	33.500	2.800
12	30.700	2.800
11	27.900	2.800
10	25.100	2.800
9	22.300	2.800
8	19.500	2.800
7	16.700	2.800
6	13.900	2.800
5	11.100	2.800
4	8.300	2.800
3	5.500	2.800
2	2.700	2.800
1	-0.100	2.800
-1	-8.150	2.700
-2	-5.450	2.700
-3	-8.150	2.700

结构层楼面标高
结构层高
上部结构嵌固部位：-0.100

（a）结构层楼面标高　　　　（b）8.300~55.900剪力墙平面布置图

图3.18　剪力墙平面布置图示例
（摘自图集15G107-1第B-4页）

在平面布置图中，应标注未居中承重墙体与轴线的定位，需标明预制剪力墙的门窗洞口、结构洞的尺寸和定位，还需标明预制剪力墙的装配方向；还应标注水平后浇带和圈梁的位置。

3.4.2　预制混凝土剪力墙编号规定

预制剪力墙编号由墙板代号、序号组成，预制外墙的代号为YWQ，预制内墙的代号为YNQ。注意在编号中，如若干预制剪力墙的模板、配筋、各类预埋件完全一致，仅墙厚与轴线的关系不同，也可将其编为同一预制剪力墙编号，但应在图中注明与轴线的几何关系。

1. 标准图集中外墙板编号及示例

当选用标准图集的预制混凝土外墙板时，可选类型详见《预制混凝土剪力墙外墙板》（15G365-1）。标准图集的预制混凝土剪力墙外墙由内叶墙板、保温层和外叶墙板组成，工程中常用内叶墙板类型区分不同的外墙板。

49

标准图集中的外墙板共有 5 种类型，编号规则见表 3.2。

表 3.2　　　　　　　　　　　　标准图集中外墙板编号　　　　　　　　　　单位：dm

预制内叶墙板类型	示意图	编　号
无洞口外墙		WQ - × × × ×　无洞口外墙　标志宽度　层高
一个窗洞高窗台外墙		WQC1 - × × × × - × × × ×　一个窗洞高窗台外墙　标志宽度　层高　窗宽　窗高
一个窗洞矮窗台外墙		WQCA - × × × × - × × × ×　一个窗洞矮窗台外墙　标志宽度　层高　窗宽　窗高
两窗洞外墙		WQC2 - × × × × - × × × × - × × × ×　两窗洞外墙　标志宽度　层高　左窗宽　左窗高　右窗宽　右窗高
一个门洞外墙		WQM - × × × × - × × × ×　一个门洞外墙　标志宽度　层高　门宽　门高

（1）无洞口外墙：WQ -××××。WQ 表示无洞口外墙板；四个数字中前两个数字表示墙板标志宽度，后两个数字表示墙板适用层高。

（2）一个窗洞高窗台外墙：WQC1 -××××-××××。WQC1 表示一个窗洞高窗台外墙板，窗台高度 900mm（从楼层建筑标高起算）；第一组四个数字，前两个数字表示墙板标志宽度，后两个数字表示墙板适用层高；第二组四个数字，前两个数字表示窗洞口宽度，后两个数字表示窗洞口高度。

（3）一个窗洞矮窗台外墙：WQCA -××××-××××。WQCA 表示一个窗洞矮窗台外墙板，窗台高度 600mm（从楼层建筑标高起算）；第一组四个数字，前两个数字表示墙板标志宽度，后两个数字表示墙板适用层高；第二组四个数字，前两个数字表示窗洞口宽度，后两个数字表示窗洞口高度。

（4）两窗洞外墙：WQC2 -××××-××××-××××。WQC2 表示两窗洞外墙板，窗台高度 900mm（从楼层建筑标高起算）；第一组四个数字，前两个数字表示墙板标志宽度，后两个数字表示墙板适用层高；第二组四个数字，前两个数字表示左侧窗洞口宽度，后两个数字表示左侧窗洞口高度；第三组四个数字，前两个数字表示右侧窗洞口宽度，后两个数字表示右侧窗洞口高度。

（5）一个门洞外墙：WQM-××××-××××。WQM 表示一个门洞外墙板；第一组四个数字，前两个数字表示墙板标志宽度，后两个数字表示墙板适用层高；第二组四个数字，前两个数字表示门洞口宽度，后两个数字表示门洞口高度。

2. 标准图集中外墙的外叶墙板类型及图示

标准图集中的外叶墙板共有两种类型（图 3.19）。

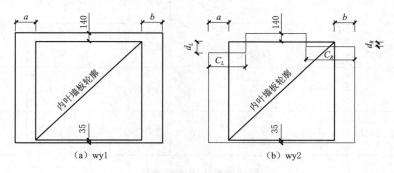

图 3.19　标准图集中外叶墙板内表面图

（1）标准外叶墙板 wy1（a、b），按实际情况标注 a、b。其中，a 和 b 分别是外叶墙板与内叶墙板左右两侧的尺寸差值。

（2）带阳台板外叶墙板 wy2（a、b、c_L 或 c_R、d_L 或 d_R），按实际情况标注 a、b、c、d。c_L、c_R、d_L、d_R 分别是阳台板处外叶墙板缺口尺寸。

外叶墙板尺寸表示方法举例可见表 3.3。当图纸选用的预制外墙板的外叶板与标准图集中不同时，需另行给出外叶墙尺寸。

3. 标准图集中内墙板编号及示例

图纸选用标准图集的预制混凝土内墙板时，可选类型将在构件详图识读中介绍，具体可参考图集《预制混凝土剪力墙内墙板》（15G365-2）。

标准图集中的预制内墙板共有 4 种类型，分别为：无洞口内墙、固定门垛内墙，中间门洞内墙和刀把内墙。预制内墙板编号规则及墙板示意图见表 3.4。

表 3.3　　　　　　　　　　　预制墙板表（摘自图集 15G107-1 第 B-4 页）

平面图中编号	内叶墙板	外叶墙板	管线预埋	所在层号	所在轴号	墙厚（内叶墙）	构件重量/t	数量	构件详图页码（图号）
YWQ1	——	——		4~20	⑧~⑩/①	200	6.9	17	结施—01
YWQ2	——	——		4~20	ⓐ~⑧/①	200	5.3	17	结施—02
YWQ3L	WQC1-33 28-1514	wy-1a=190 b=20	低区 X=450 高区 X=280	4~20	①-②/ⓐ	200	3.4	17	150G365-1，60、61
YWQ4L				4~20	②-④/ⓐ	200	3.8	17	结施—03
YWQ5L	WQC1-33 28-1514	wy-2a=20 b=190c_R=590 d_R=80	低区 X=450 高区 X=280	4~20	①-②/ⓓ	200	3.9	17	15G365-1，60、61

平面图中编号	内叶墙板	外叶墙板	管线预埋	所在层号	所在轴号	墙厚（内叶墙）	构件重量/t	数量	构件详图页码（图号）
YWQ6L	WQC1－36 28－1514	$wy-2a=290$ $b=290c_L=590$ $d_L=80$	低区 X=450 高区 X=280	4－20	②－③/Ⓓ	200	4.5	17	15G365－1，64、65
YWQ1	NQ－2428	——	低区 X=450 高区 X=280	4－20	Ⓒ－Ⓓ/②	200	3.6	17	15G365－1，16、17
YWQ2L	NQ－2428	——	低区 X=450 高区 X=280	4－20	Ⓐ～Ⓑ/②	200	3.2	17	15G365－2，14、15
YWQ3	——	——		4－20	Ⓐ～Ⓑ/④	200	3.5	17	结施－04
YWQ3a	NQ－2728	——	低区 X=750 高区 X=750	4－20	Ⓒ～Ⓓ/③	200	3.6	17	15G365－2，16、17

表 3.4　　　　　　　　　　　标准图集中内墙板编号　　　　　　　　单位：dm

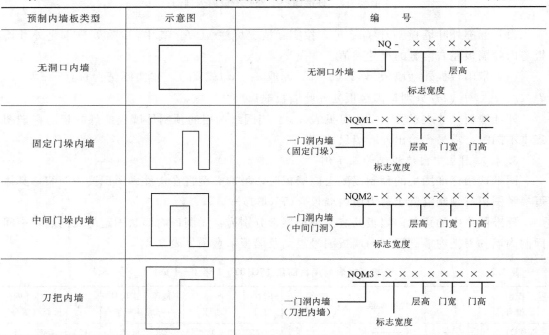

预制内墙板类型	示意图	编　号
无洞口内墙		
固定门垛内墙		
中间门垛内墙		
刀把内墙		

（1）无洞口内墙：NQ－××××。NQ 表示无洞口内墙板；四个数字中前两个数字表示墙板标志宽度，后两个数字表示墙板适用层高。

（2）固定门垛内墙：NQM1－××××－××××。NQM1 表示固定门垛内墙板，门洞位于墙板一侧，有固定宽度 450mm 门垛（指墙板上的门垛宽度，不含后浇混凝土部分）；第一组四个数字，前两个数字表示墙板标志宽度，后两个数字表示墙板适用层高；第二组四个数字，前两个数字表示门洞口宽度，后两个数字表示门洞口高度。

（3）中间门洞内墙：NQM2-××××-××××。NQM2 表示中间门洞内墙板，门洞位于墙板中间；第一组四个数字，前两个数字表示墙板标志宽度，后两个数字表示墙板适用层高；第二组四个数字，前两个数字表示门洞口宽度，后两个数字表示门洞口高度。

（4）刀把内墙：NQM3-××××-××××。NQM3 表示刀把内墙板，门洞位于墙板侧边，无门垛，墙板似刀把形状；第一组四个数字，前两个数字表示墙板标志宽度，后两个数字表示墙板适用层高；第二组四个数字，前两个数字表示门洞口宽度，后两个数字表示门洞口高度。

3.4.3 预制剪力墙后浇段等其他构件的编号

1. 后浇段的表示

后浇段编号由后浇段类型代号和序号组成，约束边缘构件后浇段的代号为 YHJ，构造边缘构件后浇段的代号为 GHJ，非边缘构件后浇段的代号为 AHJ。

在编号中，如若干后浇段的截面尺寸和配筋均相同，仅截面与轴线关系不同时，可将其编为同一后浇段号；约束边缘构件后浇段（YHJ）包括有翼墙和转角墙两种；构造边缘构件后浇段（GHJ）包括构造边缘翼墙、构造边缘转角墙、边缘暗柱三种。

后浇段信息一般会集中注写在后浇段表（见图集 15G107-1 第 B-5 页）中，后浇段表中表达的内容包括：

（1）后浇段编号，绘制该后浇段的截面配筋图，标注后浇段几何尺寸。

（2）后浇段的起止标高，自后浇段根部往上以变截面位置或截面未变但配筋改变处为界分段注写。

（3）后浇段的纵向钢筋和箍筋，注写值应与表中绘制的截面配筋对应一致。纵向钢筋注写纵筋直径和数量；其注写方式与现浇剪力墙结构墙柱箍筋的注写方式相同。

（4）预制墙板外露钢筋尺寸应标注至钢筋中线，保护层厚度应标注至箍筋外表面。

后浇段中的配筋信息将在 3.9 识读预制墙连接节点详图中详细介绍。

2. 预制混凝土叠合梁编号

预制混凝土叠合梁编号由代号和序号组成，预制叠合梁的代号是 DL，预制叠合连梁的代号是 DLL。

在编号中，如若干预制叠合梁的截面尺寸与配筋均相同，仅梁与轴线关系不同时，可将其编为同一叠合梁编号，但应在图中注明与轴线的几何关系。

3. 预制外墙模板编号

当预制外墙节点处需设置连接模板时，可采用预制外墙模板。预制外墙模板编号由类型代号 JM 和序号组成。序号可为数字，或数字加字母。

预制外墙模板表内容包括：平面图中编号、所在层号、所在轴号、外叶墙板厚度、构件重量、数量、构件详图页码。

3.5 识读预制外墙板构件详图

本学习任务选取标准图集《预制混凝土剪力墙外墙板》（15G365-1）中典型外墙板构件进行图纸识读任务练习。使学生熟悉图集中标准外墙板构件各组成部分的基本尺寸和配筋情况，掌握外墙板模板图和配筋图的识读方法，为识读实际工程相关图纸打好基础。

标准图集《预制混凝土剪力墙外墙板》（15G365-1）中的预制外墙板共有 5 种类型，分别为：无洞口外墙、一个窗洞高窗台外墙、一个窗洞矮窗台外墙、两窗洞外墙和一个门洞外墙。

图集中的预制外墙板层高分为 2.8m、2.9m 和 3.0m 三种，并配以不同的墙宽，门窗洞口宽度尺寸采用的模数均为 3M。承重内叶墙板厚度为 200mm，外叶墙板 60mm，中间夹心保温层厚度为 30～100mm。

预制外墙板的混凝土强度等级不应低于 C30，外叶墙板中钢筋采用冷轧带肋钢筋，其他钢筋均采用 HRB400（Φ）。钢材采用 Q235B 级钢材。预制外墙板中保温材料采用挤塑聚苯板（XPS），窗下墙轻质填充材料采用模塑聚苯板（EPS）。构件中门窗安装固定预埋件采用防腐木砖。外墙板密封材料等应满足国家现行有关标准的要求。

预制外墙板外叶墙板按环境类别二 a 类设计，最外层钢筋保护层厚度按 20mm 设计，内叶墙板按环境类别一类设计。配筋图中已标明钢筋定位，如有调整，钢筋最小保护层厚度不应小于 15mm（可查附表 5 和附表 6）。

3.5.1 识读无洞口外墙板详图

识读给出的无洞口外墙板模板图和配筋图，明确外墙板各组成部分的基本尺寸和配筋情况。下面以无洞口外墙板 WQ-2728 为例（见图集 15G365-1 第 16、17 页），通过模板图和配筋图识读基本信息和配筋情况。

3.3

工法楼
整体介绍

1. WQ-2728 模板图基本信息

从 WQ-2728 模板图（图 3.20）中可以读出以下信息：

（1）基本尺寸。

1）厚度方向（右视图）：由内而外依次是内叶墙板、保温板和外叶墙板。内叶墙板厚 200mm，保温板宽厚度按设计选用确定，外叶墙板厚 60mm。

3.4

识读无洞
口外墙板详图

2）宽度方向（主视图）：内墙板宽度 2100mm（不含出筋），保温板宽 2640mm，外叶墙板宽 2680mm。内叶墙板、保温板、外叶墙板均同中心轴对称布置，内叶墙板与保温板板边距 270mm，保温板与外叶墙板板边距 20mm。

3）高度方向（右视图）：内叶墙板高 2640mm（不含出筋），内叶墙板底部高出结构板顶标高 20mm（灌浆区），顶部低于上一层结构板顶标高 140mm（水平后浇带或后浇圈梁），合计层高为 2800mm；保温板高度为 2780mm。保温板底部与内叶墙板底部平齐，顶部与上一层结构板顶标高平齐；外叶墙板高度为 2815mm。外叶墙板底部低于内叶墙板底部 35mm，顶部与上一层结构板顶标高平齐。

（2）预埋灌浆套筒。内叶墙板底部预埋 6 个灌浆套筒，在墙板宽度方向上均匀布置（间距 300mm），内外两层钢筋网片上的套筒交错布置。套筒灌浆孔和出浆孔均设在内叶墙板内侧面上（设置墙板临时斜支撑的一侧，如图 3.21 所示）。同一个套筒的灌浆孔和浆

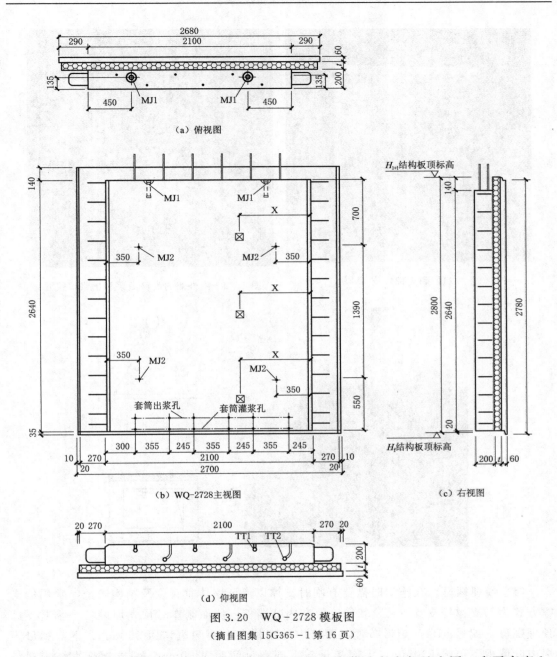

图 3.20 WQ-2728 模板图

（摘自图集 15G365-1 第 16 页）

孔竖向布置，灌浆孔在下，出浆孔在上，且灌浆孔和出浆孔各自都处在同一水平高度上。因外侧钢筋网片的套筒灌浆孔和出浆孔需绕过内侧网片经向钢筋后达到内侧墙面，故灌浆孔间或出浆孔间的水平间距不均匀（图 3.22）。

（3）预埋吊件。该预制外墙板应采用平衡梁垂直起吊方式（图 3.23），吊点在构件重心两侧（宽度和厚度两个方向）对称布置。故在内叶墙板顶部设置 2 个预埋吊钉，编号 MJ1。布置在与内叶墙板内侧边间距 135mm，与内叶墙板左右两侧边间距 450mm 的对称位置处。

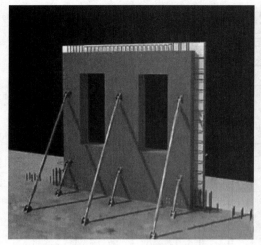

图 3.21 斜支撑杆支撑

图 3.22 内外侧的套筒灌浆和出浆口位置

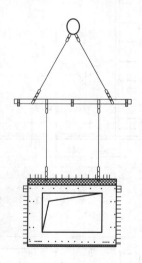

图 3.23 垂直起吊方式

（4）预埋螺母。在施工时需要有临时支撑以保证墙体垂直度及结构安全，常用的支撑方式为斜支撑杆支撑（图 3.21），故在内叶墙板内侧面制作时预先埋设 4 个临时支撑预埋螺母，编号 MJ2。矩形布置，距离内叶墙板左右两侧边均为 350mm，下部螺母距离内叶墙板下边缘 550mm，上部螺母与下部螺母间距 1390mm。斜支撑杆直接与螺母相连接。

（5）预埋电气线盒。内叶墙板内侧面有 3 个预埋电气线盒，根据实际需求设置。线盒中心位置与墙板外边缘间距可根据工程实际情况从预埋线盒位置选用表中选取。

（6）其他。预制外墙板与后浇混凝土的结合面按粗糙面设计，粗糙面的凹凸深度不应小于 6mm。预制墙板侧面也可设置键槽。内叶墙板两侧均预留 30mm×5mm 凹槽，既保障预制混凝土与后浇混凝土接缝处外观平整，同时也能够防止后浇混凝土漏浆。

图集中的预制外墙板详图未表示拉结件，也未设置后浇混凝土模板固定所需预埋件，需要根据具体图纸要求进行设置。

2. WQ-2728钢筋图基本信息

从WQ-2728钢筋图（图3.24）中可知：钢筋的基本形式是内外两层钢筋网片，水平分布筋在外，竖向分布筋在内。图集15G365-1中各墙体配筋图右上角均有对应预制墙体配筋表（表3.5），表中钢筋主要分为竖向分布钢筋，水平分布钢筋及拉筋三类。对于不同抗震等级的预制墙体均注明各类型钢筋配置数量及直径。

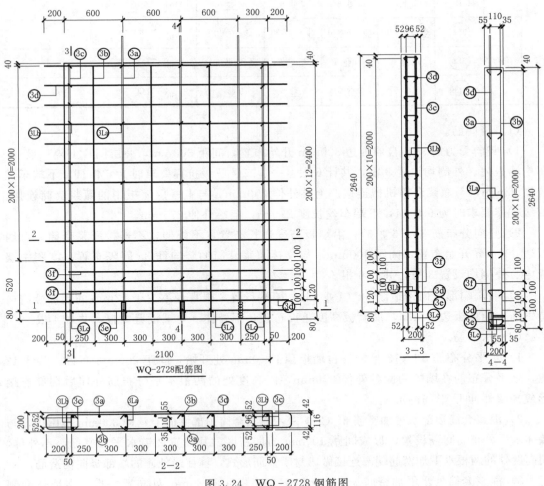

图 3.24 WQ-2728钢筋图

（摘自图集15G365-1第17页）

下面分别介绍三种类型钢筋识图方法。

表 3.5 　　　　　　　　　　WQ - 2728 钢筋表（摘自图集 15G365 - 1 第 17 页）

钢筋类型		钢筋编号	一级	二级	三级	四级非抗震	钢筋加工尺寸	备注
混凝土墙	竖向筋	3a	6 Φ 16	6 Φ 16	6 Φ 16	—	$\underline{23}$　2466　$\underline{290}$	一端车丝长度 23
			—	—	—	6 Φ 14	$\underline{21}$　2484　$\underline{275}$	一端车丝长度 21
		3b	6 Φ 6	6 Φ 6	6 Φ 6	6 Φ 6	2610	
		3c	4 Φ 12	4 Φ 12	4 Φ 12	4 Φ 12	2610	
	水平筋	3d	13 Φ 8	13 Φ 8	13 Φ 8	13 Φ 8	116 |200| 2100 |200| 116	
		3e	1 Φ 8	1 Φ 8	1 Φ 8	1 Φ 8	146 |200| 2100 |200| 146	
		3f	2 Φ 8	2 Φ 8	2 Φ 8	2 Φ 8	116 | 2050 | 116	
	拉筋	3La	Φ 6@600	Φ 6@600	Φ 6@600	Φ 6@600	30 ⌐ 130 ⌐ 30	
		3Lb	26 Φ 6	26 Φ 6	26 Φ 6	26 Φ 6	30 ⌐ 124 ⌐ 30	
		3Lb	5 Φ 6	5 Φ 6	5 Φ 6	5 Φ 6	30 ⌐ 154 ⌐ 30	

（1）竖向筋。

1）竖向受力筋 3a：自墙板边 300mm 开始布置，间距 300mm，两层网片上隔一设一。图中墙板内、外侧均设置 3 根，共计 6 根。一、二、三级抗震要求时为 6 Φ 16，下端车丝长度 23mm，与灌浆套筒机械连接。上端外伸 290mm，与上一层墙板中的灌浆套筒连接。四级抗震要求时为 6 Φ 14，下端车丝长度 21mm，上端外伸 275mm。

2）竖向分布筋 3b（6 Φ 6）：沿墙板高度通长布置，不外伸，不连接灌浆套筒。自墙板边 300mm 开始布置，间距 300mm，与连接灌浆套筒的竖向筋 3a 间隔布置。本图中墙板内、外侧均设置 3 根，共计 6 根。

3）墙端端部竖向构造筋 3c（4 Φ 12）：墙端设置 2 根直径不少于 12mm 的端部竖向构造钢筋。距墙板边 50mm，沿墙板高度通长布置，不外伸。每端设置 2 根，共计 4 根。

（2）水平筋。

1）水平分布筋 3d（13 Φ 8）：自墙板顶部 40mm 处开始，间距 200mm 布置，共计 13 道。水平分布筋在墙体两侧各外伸 200mm，同高度处的两根水平分布筋外伸后端部连接形成预留外伸 U 形筋的形式。

2）灌浆套筒顶部水平加密筋 3f（2 Φ 8）：灌浆套筒顶部并向上延伸 300mm 范围内，与墙体水平分布筋间隔设置，形成间距 100mm 的加密区。共设置 2 道水平加密筋，不外伸，同高度处的两根水平加密筋端部连接做成封闭箍筋形式，箍住最外侧的端部竖向构造筋。

3）灌浆套筒处水平加密筋 3e（1 Φ 8）：自墙板底部 80mm 处布置一根，在墙体两侧各外伸 200mm，同高度处的两根水平加密筋外伸后端部连接形成预留外伸 U 形筋的形式。需注意的是，因灌浆套筒尺寸关系，该处的水平加密筋并不在钢筋网片平面内，其外伸后形成的 U 形筋端部尺寸与其他水平筋不同。

（3）拉结筋。在层高范围，从楼面往上第一排墙身水平筋，至顶板往下第一排墙身水平筋；在宽度范围，从端部的墙身边第一排墙身竖向钢筋开始布置；一般情况下，墙身拉结筋间距是墙身水平筋或竖向筋间距的 2 倍。

1）墙体拉结筋 3La（ΦA 6@600）：墙体高度上间距 600mm，自顶部节点向下布置（在底部水平筋加密区，因高度不满足 2 倍间距要求，实际布置间距变小）。墙体宽度方向上因有端部拉结筋 3Lb，自第三列节点开始布置。共计 15 根。

2）端部拉结筋 3Lb（26Φ6）：端部竖向构造筋与墙体水平分布筋交叉点处拉结筋，每节点均设置，两端共计 26 根。

3）底部拉结筋 3Lc（5Φ6）：与灌浆套筒处水平加密筋节点对应的拉结筋，自端节点起，间距不大于 600mm，共计 5 根。

3. WQ-2728 外叶墙板详图

图集中外叶墙板均按 $a=b=290$mm 绘制（a，b 如图 3.19 所示），实际生产中应按外叶墙板编号进行调整。

无洞口外叶墙板中钢筋采用焊接网片（图 3.25），间距不大于 150mm。混凝土保护层厚度按 20mm 计。竖向钢筋距离外叶墙板两侧边 20mm 开始摆放，顶部水平钢筋距离外叶墙板顶部 65mm 开始摆放，底部水平钢筋距离外叶墙板底部 35mm 开始摆放。

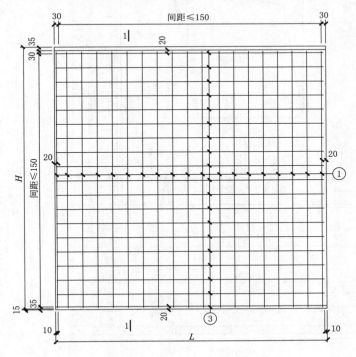

图 3.25 无洞口外墙外叶板钢筋图

（摘自图集 15G365-1 第 224 页）

3.5.2 识读一个窗洞外墙板详图

识读给出的一个窗洞外墙板模板图和配筋图,明确外墙板各组成部分的基本尺寸和配筋情况。根据窗台高度的不同,一个窗洞外墙板分为一个窗洞高窗台外墙板和一个窗洞矮窗台外墙板两类,其构造形式大体相同。下面以一个窗洞高窗台外墙板 WQC1 - 3328 - 1214 为例,通过模板图和配筋图识读其基本尺寸和配筋情况。

3.5

带洞口剪力墙板介绍

1. WQC1 - 3328 - 1214 模板图基本信息

由编号可知:该预制外墙尺寸为 3300mm×2800mm,窗洞口尺寸为 1200mm×1400mm。并识读模板图(图 3.26)所标尺寸是否与图名编号相一致。

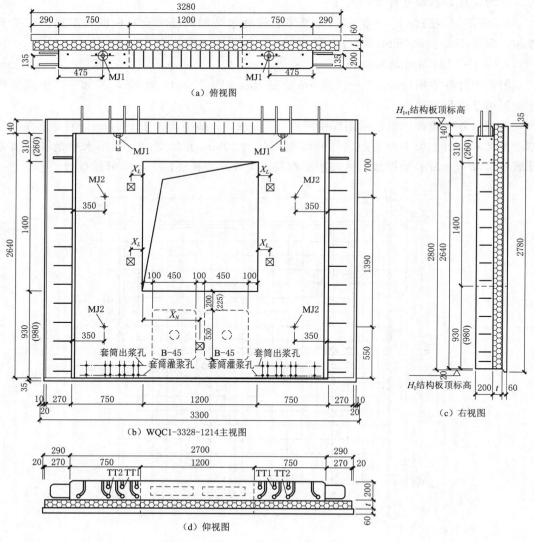

图 3.26 WQC1 - 3328 - 1214 模板图

(摘自图集 15G365 - 1 第 58 页)

从 WQC1 - 3328 - 1214 模板图中可以读出以下信息。

（1）基本尺寸。内叶墙板宽 2700mm，高 2640mm，厚 200mm；保温板宽 3240mm，高 2780mm，厚度按设计选用确定；外叶墙板宽 3280mm，高 2815mm，厚 60mm；窗洞口宽 1200mm，高 1400mm。宽度方向居中布置，高度方向窗台与内叶墙板底间距即窗下墙高为 930mm（对于外叶墙为 100mm 厚墙体，窗下墙高为 980mm）。

（2）预埋灌浆套筒。内叶墙板底部预埋 14 个灌浆套筒。窗洞口两侧的竖向筋底部每侧 6 个，共计 12 个灌浆套筒；外侧墙身竖向筋底部设置 2 个灌浆套筒，每侧 1 个。套筒灌浆孔和出浆孔均设置在墙板内侧面上。同一个套筒的灌浆孔和出浆孔竖向布置，灌浆孔在下，出浆孔在上。灌浆孔和出浆孔各自都处在同一水平高度上，灌浆孔间或出浆孔间的水平间距不均匀。

（3）预埋吊件。内叶墙板顶部有 2 个预埋吊件，编号 MJ1。布置在与内叶墙板内侧边间距 135m，分别与内叶墙板左右两侧边间距 475mm 的对称位置处，与无洞口预制外墙板预埋配件类似。

（4）预埋螺母。内叶墙板内侧面有 4 个临时支撑预埋螺母，编号 MJ2。距离内叶墙板左右两侧边均为 350mm，下部螺母距离内叶墙板下边缘 550mm，上部螺母与下部螺母间距 1390mm，与无洞口预制外墙预埋配件类似。

（5）预埋电气线盒。预埋电子线盒分高、中、低三区，可按实际需求设置。模板图中窗洞两侧各有 2 个预埋电气线盒，窗洞下部有 1 个预埋电气线盒，共计 5 个。

（6）窗下填充聚苯板。窗台下设置 2 块 B - 45 型聚苯板轻质填充块（窗洞口下方的虚线框），距窗洞边 100mm 布置。两聚苯板间距 100mm，顶部与窗台间距 100mm。

聚苯板全称聚苯乙烯泡沫板，又名泡沫板或 EPS 板，因其优异的保温隔热、抗压、防水、耐腐蚀等性能，被广泛用于建筑墙体、屋面中作为保温材料使用。在预制墙体中一般将聚苯板作为窗洞口下轻质填充材料使用。图中用字母 B 表示，后跟数字为该区域所填充聚苯板长度尺寸，需注意该尺寸以 cm 为单位。如 B - 45，表示该区域聚苯板长度尺寸为 450mm。具体做法详见图集 15G365 - 1 第 235 页。线盒与填充聚苯板发生碰撞时，应调整聚苯板尺寸。

（7）灌浆分区。为了保证灌浆质量，沿宽度方向平均分为两个灌浆分区，长度均为 1350m。填充墙无灌浆处采用座浆法密封。

2. WQC1 - 3328 - 1214 钢筋图基本信息

从配筋图（图 3.27 和图 3.28）中可知：墙体内外两层钢筋网片，水平分布筋在外，竖向分布筋在内。窗洞上设置连梁，窗洞口两侧设置边缘构件。各墙体配筋图右上角均有对应预制墙体配筋表（表 3.6），配筋表按连梁、边缘构件及窗下墙可分为三部分，分别有纵筋、箍筋及拉筋三类钢筋。对于不同抗震等级的预制墙体均注明各类型配置数量及直径。

（1）连梁配筋。连梁指在剪力墙结构和框架—剪力墙结构中，连接两墙肢，在墙肢平面内相连的梁，在图中，即为窗洞口上部区域。剪力墙的连梁不宜开洞，当需要开洞时，洞口宜预埋套管，洞口上、下截面的有效高度不宜小于梁高的 1/3，且不宜小于 200mm，被洞口削弱的连梁截面应进行承载力验算，洞口处应配置补强纵向钢筋和箍筋，补强纵向钢筋的直径不应小于 12mm。

表 3.6　　　　WQC1－3328－1214 钢筋表（摘自图集 15G365－1 第 59 页）

钢筋类型		钢筋编号	一级	二级	三级	四级非抗震	钢筋加工尺寸	备注
连梁	纵筋	1Za	2Φ18	2Φ16	2Φ16	2Φ16	200 ｜ 2700 ｜ 200	外露长度200
		1Zb	2Φ10	2Φ10	2Φ10	2Φ10		
	箍筋	1G	12Φ10	12Φ8	12Φ8	12Φ6	(240) 110 ｜ 290 ｜ 160	焊接封闭箍筋
	拉筋	1L	12Φ8	12Φ8	12Φ8	12Φ6	10d〜170〜10d	d 为拉筋直径
边缘构件	纵筋	2Za	14Φ16	14Φ16	—	—	23 ｜ 2466 ｜ 290	一端车丝长度23
			—	—	14Φ14	—	21 ｜ 2484 ｜ 275	一端车丝长度21
			—	—	—	14Φ12	18 ｜ 2500 ｜ 260	一端车丝长度18
		2Zb	6Φ10	6Φ10	6Φ10	6Φ10	2610	
	箍筋	2Ga	20Φ8				330 ｜ 120	焊接封闭箍筋
		2Gb	22Φ8	22Φ8	22Φ6	22Φ6	200 ｜ 415 ｜ 120	焊接封闭箍筋
		2Gc	2Φ8	2Φ8	2Φ6	2Φ6	200 ｜ 425 ｜ 140	焊接封闭箍筋
		2Gd	8Φ8	8Φ8	8Φ6	8Φ6	700 ｜ 140	焊接封闭箍筋
		2La	80Φ8	60Φ8	60Φ6	60Φ6	10d〜130〜10d	d 为拉筋直径
		2Lb	22Φ6	22Φ6	22Φ6	22Φ6	30〜130〜30	
		2Lc	6Φ8	6Φ8	6Φ6	6Φ6	10d〜150〜10d	d 为拉筋直径
窗下墙	水平筋	3a	2Φ10	2Φ10	2Φ10	2Φ10	400 ｜ 1200 ｜ 400	
	水平筋	3b	10Φ8	10Φ8	10Φ8	10Φ8	150 ｜ 1200 ｜ 150	
	竖向筋	3c	12Φ8	12Φ8	12Φ8	12Φ8	900 (950) 80｜ ｜80	
	拉筋	3L	Φ6@400	Φ6@400	Φ6@400	Φ6@400	30〜160〜30	

1）连梁底部纵筋 1Za：墙宽通长布置，两侧均外伸 200mm。一级抗震要求时为 2Φ 18，其他为 2Φ 16。

2）连梁腰筋 1Zb（2Φ 10）：墙宽通长布置，两侧均外伸 200mm，与墙板顶部距离 35mm，与连梁底部纵筋间距 235mmm（当建筑面层为 100mm 时，间距 185mm）。

3）连梁箍筋 1G：焊接封闭箍筋，箍住连梁底部纵筋和腰筋，上部外伸 110mm 至水平后浇带或圈梁混凝土内（如图 3.28 中 6－6 剖面）。仅窗洞正上方布置，距离窗洞边缘 50mm 开始，等间距设置。一级抗震要求时为 12Φ 10，二、三级抗震要求时为 12Φ 8，四级抗震要求时为 12Φ 6。

4）连梁拉筋 1L：拉结连梁腰筋和箍筋。弯钩平直段长度为 10d。一、二、三级抗震要求时为 12Φ 8，四级抗震要求时为 12Φ 6。

（2）边缘构件配筋。边缘构件设置在剪力墙的边缘，起到改善受力性能的作用，图中

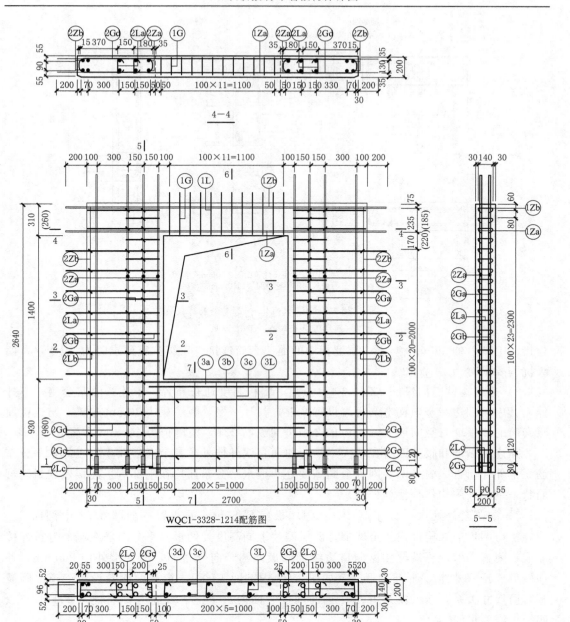

图 3.27 WQC1-3328-1214 钢筋图
（摘自图集 15G365-1 第 59 页）

即在预制墙体窗洞口左右两侧区域。剪力墙开有边长小于 800mm 的洞口且在结构整体计算中不考虑其影响时，应在洞口周边配置补强钢筋，具体构造详见 3.2.2。

1）边缘构件竖向纵筋 2Za：其中，窗洞口两侧边缘构件竖向纵筋共 12 根，距离窗洞边缘 50mm 开始布置，间距 150mm 布置 3 排。边缘构件两侧墙身竖向筋各 1 根，距墙板边 100mm 布置。一、二级抗震要求时为 14ϕ16。下端车丝长度 23mm，与灌浆套筒机械

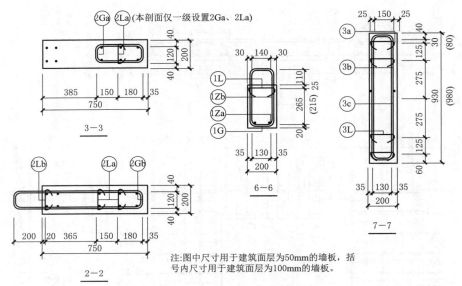

注:图中尺寸用于建筑面层为50mm的墙板,括
号内尺寸用于建筑面层为100mm的墙板。

图3.28　WQC1-3328-1214钢筋详图

(摘自图集15G365-1第59页)

连接。上端外伸290mm与上一层墙板中的灌浆套筒连接。三级抗震要求时为14 ⊈ 14,四级抗震要求时为14 ⊈ 12。

2) 边缘构件竖向纵筋2Zb (6 ⊈ 10):沿墙板高度通长布置,不连接灌浆套筒,不外伸。其中墙端边缘竖向构造筋每端设置2根,共计4根,距墙板边30mm布置。与连接灌浆套筒的2根墙身竖向筋2Za对应的2根竖向纵筋2Zb,距墙板边100mm布置。

除连梁纵筋和腰筋因直径较大不易弯曲而直线外伸外,其余直径较小的墙体水平分布筋无论外伸与否,内外两层网片上同高度处两根水平分布筋均在端部弯折连接做成封闭箍筋状,钢筋表中均作为箍筋处理。

3) 灌浆套筒处水平分布筋2Gc:距墙板底部80mm处布置(如图3.27中剖面5-5),从窗洞口边缘构件内侧至墙端。两层网片上同高度处两根水平分布筋在端部弯折连接形成封闭箍筋状,一端箍住窗洞口边缘构件最外侧竖向分布筋,另一端外伸200mm,外伸后形成预留外伸U形筋的形式(如图3.27中剖面1-1)。窗洞两侧各设置一道。因灌浆套筒尺寸关系,该处箍筋并不在钢筋网片平面内。一、二级抗震要求时为2 ⊈ 8,三、四级抗震要求时为2 ⊈ 6。

4) 墙体水平分布筋2Gb:套筒顶部至连梁底部之间均匀分布,距墙板底部200mm处开始布置,间距200mm。两层网片上同高度处两根水平分布筋在端部弯折连接形成封闭箍筋状。一端箍住窗洞口处边缘构件竖向分布筋,另一端外伸200mm。外伸后形成预留外伸U形筋的形式(如图3.28中剖面2-2)。窗洞两侧各设置11道。一、二级抗震要求时为22 ⊈ 8。三、四级抗震要求时为22 ⊈ 6。

5) 套筒顶和连梁处水平加密筋2Gd (⊈ 8):套筒顶部以上300mm范围和连梁高度范围内设置,间距200mm。套筒顶部以上300mm范围内设置2道,连梁高度范围内设置2道。两层网片上同高度处两根水平加强筋在端部弯折连接形成封闭箍筋状。一端箍住窗洞口边缘构件最外侧竖向纵筋 2Za，另一端箍住墙体端部竖向构造纵筋 2Zb，不外伸。窗洞两侧共设置 8 道。一、二级抗震要求时为 8 $\underline{\Phi}$ 8。三、四级抗震要求时为 8 $\underline{\Phi}$ 6。

6）窗洞口边缘构件箍筋 2Ga（20 $\underline{\Phi}$ 8）：套筒顶部 300mm 以上范围内设置，间距 200mm。焊接封闭箍筋，箍住最外侧的窗洞口边缘构件竖向分布筋（如图 3.28 中剖面 3－3）。仅在一级抗震要求时设置，窗洞两侧各设置 10 $\underline{\Phi}$ 8。

7）窗洞口边缘构件拉结筋 2La：窗洞口边缘构件竖向纵筋与各类水平筋交叉点处拉结筋（无箍筋拉结处），不含灌浆套筒区域。弯钩平直段长度 10d。一级抗震要求时窗洞口两侧每侧 40 $\underline{\Phi}$ 8，共 80 根。

8）墙端边缘竖向构造纵筋拉结筋 2Lb（22 $\underline{\Phi}$ 6）：墙端边缘竖向构造纵筋 2Zb 与墙体水平分布筋 2Gb 交叉点处拉结筋，每端 11 道，弯钩平直段长度 30mm。

9）灌浆套筒处拉结筋 2Lc：灌浆套筒处水平分布筋与灌浆套筒和墙端端部的竖向构造纵筋交叉点处拉结筋，弯钩平直段长度 10d。一、二级抗震要求时为 6 $\underline{\Phi}$ 8，三、四级抗震要求时为 6 $\underline{\Phi}$ 6。

（3）窗下墙配筋。

1）窗下水平加强筋 3a（2 $\underline{\Phi}$ 10）：窗台下布置，距窗台面 40mm，端部伸入窗洞口两侧混凝土内 400mm。

2）窗下墙水平分布筋 3b（10 $\underline{\Phi}$ 8）：窗下墙处布置，端部伸入窗洞口两侧混凝土内 150mm。共布置 5 道，底部 2 道分别与套筒处水平分布筋和套筒顶第一根水平分布筋搭接，顶部 1 道距窗台 70mm，其余 2 道布置位置如图 3.28 中剖面 7－7 所示。

3）窗下墙竖向分布筋 3c（12 $\underline{\Phi}$ 8）：窗下墙处，距窗洞口边缘 100mm 开始布置，间距 200mm，端部弯折 90°，弯钩长度为 80mm，两侧竖向筋通过弯钩连接。

4）窗下墙拉结筋 3L（$\underline{\Phi}$ 6@400）：窗下墙处，矩形布置。

3. WQC1－3328－1214 外叶墙板详图（图 3.29）

外叶墙板中钢筋采用焊接网片，间距不大于 150mm。网片偏墙板外侧设置，混凝土保护层厚度为 20mm。竖向钢筋距离外叶墙板两侧边 30mm 开始摆放，顶部水平钢筋距离外叶墙板顶部 65mm 开始摆放。底部水平钢筋距离外叶墙板底部 35mm 开始摆放。

有门窗洞口的外叶墙板，钢筋在洞口处截断处理，但需在洞口边缘设置通长钢筋。洞口角部设置 800m 长加固筋，每个角部两根。

3.5.3 外墙板详图识读任务拓展

识读图集中给出的两个窗洞外墙板 WQC2－4828－0614－1514（图集 15G365－1 第 170、171 页）及一个门洞外墙板 WQM－3628－1823 的模板图和配筋图（图集 15G365－1 第 182、183 页），明确外墙板各组成部分的基本尺寸和配筋情况，编写识读报告。

3.6 识读预制内墙板构件详图

本学习任务选取标准图集《预制混凝土剪力墙内墙板》（15G365－2）中的典型内墙

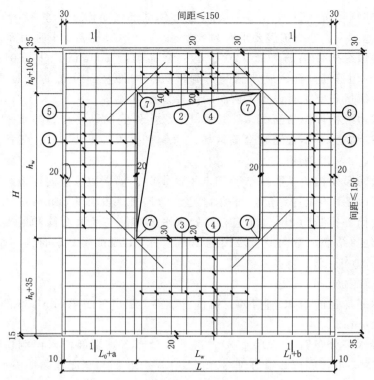

图 3.29 一个洞口外墙外叶板钢筋图

（摘自图集 15G365－1 第 225 页）

板构件进行图纸识读任务练习。使学生熟悉图集中标准内墙板构件的基本尺寸和配筋情况，掌握内墙板模板图和配筋图的识读方法。为识读实际工程相关图纸打好基础。

标准图集《预制混凝土剪力墙内墙板》（15G365－2）中的预制内墙板共有 4 种类型，分别为：无洞口内墙、固定门垛内墙、中间门洞内墙和刀把内墙。

图集中的预制内墙板层高分为 2.8m、2.9m 和 3.0m 三种，门窗洞口宽度尺寸采用的模数均为 3M。预制内墙板厚度为 200mm。

预制内墙板的混凝土强度等级不应低于 C30，钢筋均采用 HRB400（Φ）。钢材采用 Q235－B 级钢材。预制内墙板按室内一类环境类别设计，配筋图中已标明钢筋定位，如有调整，钢筋最小保护层厚度不应小于 15mm。

3.6.1 识读无洞口内墙板详图

识读给出的无洞口内墙板模板图和配筋图，明确内墙板的基本尺寸和配筋情况。下面以无洞口内墙板 NQ－1828 为例（图集 15G365－2 第 10、11 页），通过模板图和配筋图识读基本尺寸和配筋情况。

1. NQ－1828 模板图基本信息

从模板图（图 3.30）中可以读出以下信息。

3.7

无洞口
内墙板介绍

3.8

识读无洞
口内墙板详图

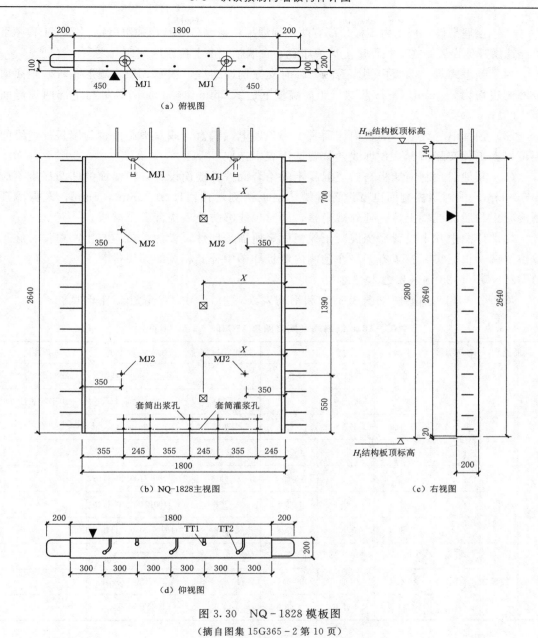

图 3.30 NQ-1828 模板图

（摘自图集 15G365-2 第 10 页）

（1）基本尺寸：墙板宽 1800mm（不含出筋），高 2640mm（不含出筋，底部预留 20mm 高灌浆区，顶部预留 140mm 高后浇区，合计层高为 2800mm），厚 200mm。

（2）预埋灌浆套筒：墙板底部预埋 5 个灌浆套筒，在墙板宽度方向上间距 300mm 均匀布置，两层钢筋网片上的套筒交错布置，图示内侧 2 个，外侧 3 个。套筒灌浆孔和出浆孔均设置在墙板内侧面上。同一个套筒的灌浆孔和出浆孔竖向布置，灌浆孔在下，出浆孔在上。灌浆孔和出浆孔间距因不同工程墙板配筋直径不同会有所不同，但灌浆孔和出浆孔均应各自都处在同水平高度上，灌浆孔间和出浆孔间的水平间距不均匀。

（3）预埋吊件：预制内墙板顶部有两个预埋吊件，编号 MJ1，采用吊钉，实际工程图纸可能选用其他设置。在墙板厚度上居中布置，在墙板宽度上位于两侧四分之一位置处。

（4）预埋螺母：墙板内侧面有 4 个临时支撑预埋螺母，编号 MJ2。矩形布置，距离墙板两侧边均为 350mm，下部两螺母距离墙板下边缘 550mm，上部两螺母与下部两螺母间距 1390mm。

（5）预埋电气线盒：墙板内侧面有 3 个预埋电气线盒，线盒中心位置与墙板外边缘间距可根据工程实际情况从预埋线盒位置选用表中选取。

（6）其他：预制内墙板与后浇混凝土的结合面按粗糙面设计，粗糙面的凹凸深度不应小于 6mm。预制墙板侧面也可设置键槽。墙板两侧均预留凹槽 30mm×5mm，既保障预制混凝土与后浇混凝土接缝处外观平整，同时也能够防止后浇混凝土漏浆。

构件详图中并未设置后浇混凝土模板固定所需预埋件，设计人员应与生产单位、施工单位协调，根据实际施工方案，在预制内墙板详图中补充相关的预埋件。

2. NQ – 1828 钢筋图基本信息

从 NQ – 1828 钢筋图（图 3.31）和钢筋表（表 3.7）中可以读出以下信息。

表 3.7　　　　　　　　　NQ – 1828 钢筋表（摘自图集 15G365 – 2 第 11 页）

钢筋类型		钢筋编号	一级	二级	三级	四级非抗震	钢筋加工尺寸	备注
混凝土墙	竖向筋	3a	5 ⏀ 16	5 ⏀ 16	5 ⏀ 16	—	23　2466　290	一端车丝长度 23
			—	—	—	5 ⏀ 14	21　2484　275	一端车丝长度 21
		3b	5 ⏀ 6	5 ⏀ 6	5 ⏀ 6	5 ⏀ 6	2610	
		3c	4 ⏀ 12	4 ⏀ 12	4 ⏀ 12	4 ⏀ 12	2610	
	水平筋	3d	13 ⏀ 8	13 ⏀ 8	13 ⏀ 8	13 ⏀ 8	116　200　2100　200　116	
		3e	2 ⏀ 8	2 ⏀ 8	2 ⏀ 8	2 ⏀ 8	146　200　2100　200　146	
		3f	2 ⏀ 8	2 ⏀ 8	2 ⏀ 8	2 ⏀ 8	116　2050　116	
	拉筋	3La	⏀ 6@600	⏀ 6@600	⏀ 6@600	⏀ 6@600	30　130　30	
		3Lb	26 ⏀ 6	26 ⏀ 6	26 ⏀ 6	26 ⏀ 6	30　124　30	
		3Lc	4 ⏀ 6	4 ⏀ 6	4 ⏀ 6	4 ⏀ 6	30　154　30	

（1）竖向筋。

1）竖向分布筋 3a（5 ⏀ 16）：与灌浆套筒连接的竖向分布筋，当为四级抗震要求时可选用 5 ⏀ 14，具体尺寸也会发生变化。下端车丝与本墙板中的灌浆套筒机械连接。上端外伸，与上一层墙板中的灌浆套筒连接。自墙板边 300m 开始布置，间距 300mm，两侧隔一设一，本图中墙板内侧设置 3 根，外侧设置 2 根，共计 5 根。

2）竖向分布筋 3b（5 ⏀ 6）：与竖向分布筋 3a 对应的竖向分布筋。不连接灌浆套筒，不外伸，沿墙板高度通长布置。自墙板边 300m 开始布置，间距 300mm。与竖向分布筋 3a 间隔布置，本图中墙板内侧设置 2 根，外侧设置 3 根，共计 5 根。

3) 端部竖向构造筋 3c（4Φ12）：距墙板边 50mm，沿墙板高度通长布置。每端设置 2 根，共计 4 根。

（2）水平筋。

1) 墙体水平分布筋 3d（13Φ8）：自墙板顶部 40mm 处（中心距）开始，间距 200mm 布置，单侧共计 13 根水平分布筋。水平分布筋在墙体两侧各外伸 200mm，同高度处的两根水平分布筋外伸后形成预留外伸 U 形筋的形式。

2) 灌浆套筒顶部水平加密筋 3f（2Φ8）：灌浆套筒顶部以上至少 300mm 范围，与原有水平分布筋起，形成间距 100mm 的加密区。图中单侧设置 2 根水平加密筋，不外伸，同高度处的两根水平加密筋做成封闭箍筋形式。

3) 灌浆套筒处水平分布筋 3e（1Φ8）：自墙板底部 80mm 处（中心距）布置一根，在墙体两侧各外伸 200mm，同高度处的两根水平加密筋外伸后形成预留外伸 U 形筋的形式。需注意的是，因灌浆套筒尺寸关系，该处的水平加密防并不在钢筋网片平面内，其外伸后形成的 U 形筋端部尺寸与其他水平筋不同。

（3）拉筋。

1) 墙体拉结筋 3La（Φ6@600）：矩形布置，间距 600mm。墙体高度上自顶部节点向下布置（底部水平筋加密区，因高度不满足 2 倍间距要求，实际布置间距变小）。墙体宽度方向上因有端部拉结筋 3Lb，自第三列节点开始布置。共计 10 根。

2) 端部拉结筋 3Lb（26Φ6）：与端部竖向构造筋节点对应的拉结筋，每节点均设置，两端共计 26 根。

3) 底部拉结筋 3Lc（4Φ6）：与灌浆套筒处水平分布筋节点对应的拉结筋，自端节点起隔一布一，共计 4 根。需要注意的是，各拉结筋因所拉结钢筋的直径及位置关系，具体尺寸并不相同。

3. 预制内墙板电气预留示意图

墙板单侧设置预埋电气线盒时，一般不得影响墙体竖向钢筋（图 3.32）。若预埋位置处水平钢筋被截断，被截断的水平筋在线盒槽口边弯起 12d（图 3.33），线盒槽口内需设置与原水平筋直径相同的附加水平筋，附加水平筋伸入线盒槽口两侧墙体混凝土内的锚固长度不小于抗震锚固长度 l_{aE}。

低区和中区预埋电气线盒一般向下连接预埋线管，线盒预埋位置预制墙板下部需预留线路连接槽口。连接槽口尺寸：130mm×90mm×200mm（墙宽方向×墙厚方向×墙高方向），根据电气需要设置在墙板内侧或外侧。连接槽口处水平筋可截断处理，靠近槽口顶部的水平筋可弯折处理。

高区预埋电气线盒一般向上连接预埋线管，与水平后浇带或后浇圈梁中的电气管线连接。

3.6.2 内墙板详图识读任务拓展

识读图集中给出的固定门垛内墙板 NQM1－2128－0921（图集 15G365－2 第 52、53 页）、中间门垛内墙板 NQM2－2128－0921（图集 15G365－2 第 100 页）及刀把内墙板 NQM3－2128－0921（图集 15G365－2 第 142、143 页）的模板图和配筋图，明确内墙板各组成部分的基本尺寸和配筋情况，分组编写识读报告，并抄绘 1—1 至 6—6 断面图。

3.9 ▶

识读固定门垛
内墙板详图

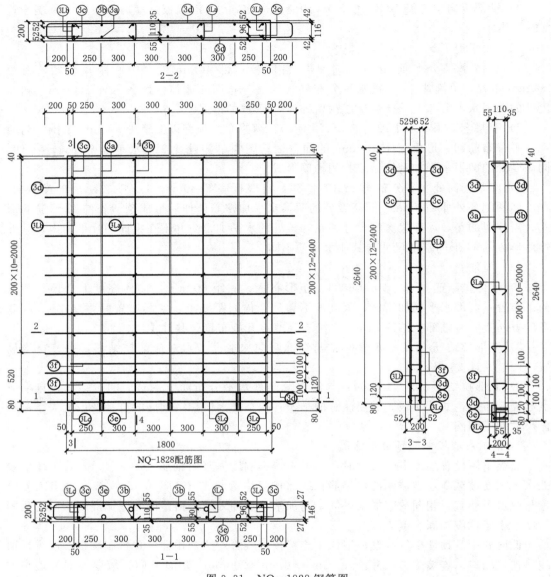

图 3.31　NQ－1828 钢筋图

（摘自图集 15G365－2 第 11 页）

3.7　识读预制墙连接节点详图

本学习任务选取标准图集《预制混凝土剪力墙外墙板》（15G362－1）、《预制混凝土剪力墙内墙板》（15G365－2）中推荐连接节点部分以及图集《装配式混凝土连接节点构造（剪力墙）》（15G310－2）中典型的剪力墙结构中的节点与水平接缝进行图纸识读任务练习。使学生熟悉图集中适合预制剪力墙内外墙板的节点标准做法，掌握各类预制墙连接节点详图的识读方法。为识读实际工程相关图纸打好基础。

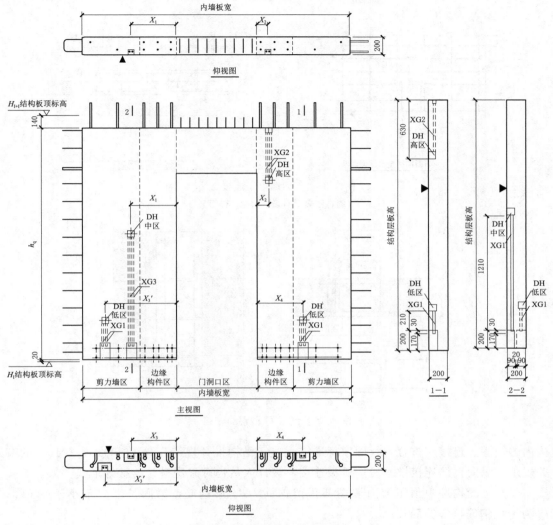

图 3.32 预制内墙板电气预留示意图

（摘自图集 15G365－2 第 180 页）

3.7.1 识读墙间竖向接缝构造详图

预制墙间竖向接缝构造是指预制墙与预制墙之间通过设置竖向后浇段接缝的形式实现两个预制墙之间的连接构造。后浇段的宽度一般不小于墙厚且不宜小于 200mm，后浇段具体宽度及后浇段内竖向分布钢筋具体规格由设计确定。

图集根据预制墙预留的钢筋样式给出了 15 种形式的接缝构造（部分常见的节点如图3.34、图 3.35、图 3.36 所示），根据实际工程需要选择使用。本文以两预制墙均预留 U形外伸钢筋连接的一字形节点为例，介绍预制墙体间节点构造识图要点。

（1）非边缘构件位置，相邻预制剪力墙之间应设置后浇段，即上图所示一字形节点。后浇段的宽度不应小于墙厚且不宜小于 200mm；后浇段内应设置不少于 4 根竖向钢筋，钢筋直径不应小于墙体竖向分布筋直径且不应小于 8mm；两侧墙体的水平分布筋在后浇

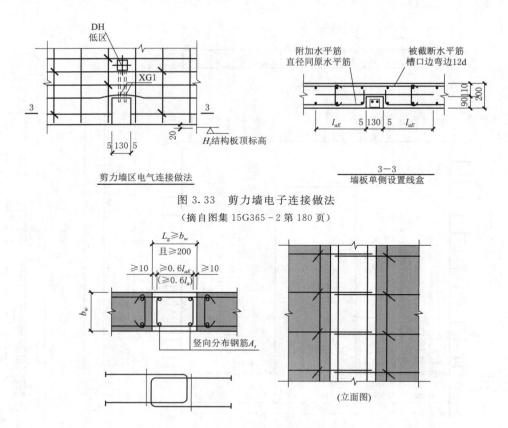

图 3.33 剪力墙电子连接做法

（摘自图集 15G365-2 第 180 页）

图 3.34 预留 U 形钢筋连接

段内的锚固、连接应符合现行国家标准《混凝土结构设计规范》（GB 50010—2010）的有关规定。纵向钢筋连接推荐使用机械连接，设计人员也可采用搭接连接等形式。

（2）上图构件中预制剪力墙端部预留钢筋为 U 形钢筋，锚固长度应不小于 $0.6l_{aE}$；l_{aE} 为受拉钢筋抗震锚固长度。

（3）预留钢筋除 U 形筋外，还可采用直线钢筋、弯钩钢筋及半圆形钢筋，如图 3.35 所示。

（4）当后浇段宽度较宽时，可设置附加钢筋，附加钢筋可采用封闭连接钢筋、弯钩连接钢筋及长圆环连接钢筋，如图 3.36 所示。

3.7.2 识读有转角墙处竖向接缝构造详图

预制墙在转角墙处的竖向接缝构造，按照转角墙类型分为构造边缘转角墙和约束边缘转角墙。其中构造边缘转角墙又分为全后浇式和部分后浇式（即暗柱预制）两大类竖向接缝构造，约束边缘转角墙一般采用全后浇式竖向接缝构造。图集给出了 13 种形式的接缝构造（部分常见的节点如图 3.37、图 3.38、图 3.39 所示），根据实际工程需要选择使用。本文以对称预留 U 形钢筋为例，介绍预制墙在转角墙处的节点构造识图要点。

（1）转角墙两墙肢均预留 U 形外伸钢筋，转角处分别设置两个方向的附加封闭连接钢筋与两侧墙肢的预留 U 形外伸钢筋分别搭接连接（图 3.37），搭接长度不小于 0.6 倍的

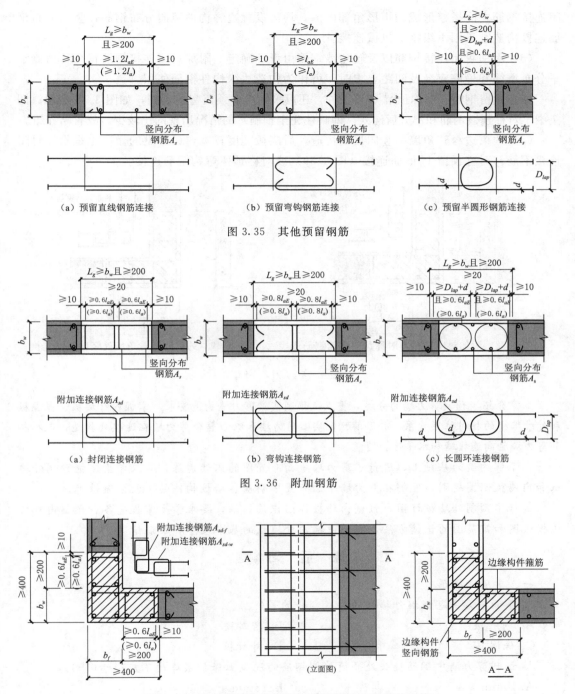

（a）预留直线钢筋连接　　　（b）预留弯钩钢筋连接　　　（c）预留半圆形钢筋连接

图 3.35 其他预留钢筋

（a）封闭连接钢筋　　　（b）弯钩连接钢筋　　　（c）长圆环连接钢筋

图 3.36 附加钢筋

（立面图）　　　A—A

图 3.37 附加封闭连接钢筋与对称预留 U 形钢筋连接

抗震锚固长度 l_{aE}（l_a）。两向附加封闭连接钢筋在转角处互相搭接，附加封闭连接钢筋端部距离预制墙体不小于 10mm。

（2）附加封闭连接钢筋与对称预留 U 形钢筋搭接形成的矩形角部内侧，以及附加封闭连接钢筋之间搭接形成的矩形角部内侧，均需设置边缘构件竖向分布钢筋，竖向分布钢筋连接构造宜采用Ⅰ级接头机械连接。

（3）附加封闭连接钢筋以及转角墙钢筋由设计确定，附加封闭连接钢筋符合转角墙水平分布钢筋和箍筋直径及间距要求时，可作为构造边缘构件箍筋使用。

（4）预留钢筋除对称预留U形筋外，还可采用对称预留弯钩钢筋，如图3.38所示；图集中不对称预留钢筋和部分后浇式（即暗柱完全预制）的情况出现的比较少，故省略介绍。

（5）约束边缘转角墙的竖向接缝构造，后浇段宽度较宽，最常见的做法也是附加封闭连接钢筋与对称预留U形筋连接（图3.39）或对称预留弯钩钢筋连接。

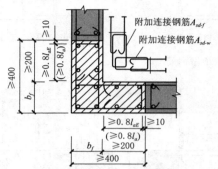

图3.38 附加封闭连接与对称预留弯钩钢筋连接

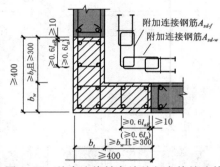

图3.39 约束边缘转角墙处竖向接缝连接

本 章 小 结

本章介绍了预制剪力墙的分类，重点是预制实心剪力墙构造要求，掌握内叶墙板、保温板和外叶墙板的相对位置关系。并了解预制实心剪力墙和双面叠合剪力墙在连接处构造，包括相邻剪力墙竖向连接缝和水平连接缝。

在了解构造的基础上，进行了剪力墙平面布置图的识读训练，要求学生掌握预制外墙板和内墙板制图规则，能够在剪力墙平面布置中明确各墙板构件的平面分布情况。

进行了预制外墙板详图和预制内墙板详图识读训练，要求学生掌握叠各种预制内外墙板模板图和钢筋图的识读方法，能够明确内外墙板的基本尺寸和配筋情况。

课 后 习 题

一、单项选择题

1. 下面不是夹芯保温外墙板的组成部分的是（　　）。

A. 内叶板   B. 密封胶

C. 保温层   D. 外叶板

2. 预制剪力墙中钢筋接头处套筒外侧钢筋的混凝土保护层厚度不应小于（　　）。

A. 10mm   B. 15mm

C. 20mm   D. 25mm

3. 预制剪力墙开有边长小于（　　）mm的洞口且在结构整体计算中不考虑其影响时，应沿洞口周边配置补强钢筋。

A. 400   B. 600

C. 800　　　　　　　　　　　　　　　　D. 1000

4. 预制剪力墙当采用套筒灌浆连接时，自套筒底部至套筒顶部并向上延伸（　）mm范围内，预制剪力墙的水平分布筋应加密。

A. 200　　　　　　　　　　　　　　　　B. 300

C. 400　　　　　　　　　　　　　　　　D. 500

5. 一级抗震等级下，剪力墙加密区水平分布钢筋最小直径是（　）mm。

A. 6　　　　　　　　　　　　　　　　　B. 8

C. 10　　　　　　　　　　　　　　　　D. 12

6. 端部无边缘构件的预制剪力墙，宜在端部配置2根直径不小于（　）mm的竖向构造钢筋。

A. 12　　　　　　　　　　　　　　　　B. 14

C. 16　　　　　　　　　　　　　　　　D. 18

7. 当接缝位于纵横墙交接处的构造边缘构件区域时，构造边缘构件采用后浇混凝土的范围是（　）。

A. ≥300mm　　　　　　　　　　　　　B. ≥400mm

C. ≥500mm　　　　　　　　　　　　　D. 全部采用

8. 当仅在一面墙设置后浇段时，后浇段的长度不宜小于（　）。

A. ≥300mm　　　　　　　　　　　　　B. ≥400mm

C. ≥500mm　　　　　　　　　　　　　D. 全部采用

二、多项选择题

1. 外墙板一般采用三明治结构，即（　）。

A. 结构层　　　　　　　　　　　　　　B. 加厚层

C. 保温层　　　　　　　　　　　　　　D. 防潮层

E. 保护层

2. 预制混凝土剪力墙外墙由（　）组成。

A. 内叶墙板　　　　　　　　　　　　　B. 找平层

C. 保温层　　　　　　　　　　　　　　D. 外叶墙板

E. 承重层

3. 预制混凝土剪力墙平面布置图的表示需遵循以下原则（　）。

A. 预制混凝土剪力墙平面布置图应按标准层绘制，内容包括预制剪力墙、现浇混凝土墙体、后浇段、现浇梁、楼面梁、水平后浇带或圈梁等

B. 剪力墙平面布置图应标注结构楼层标高表，并注明上部结构嵌固部位位置

C. 结构层楼面标高和结构层高在单项工程中必须统一。为方便施工，应将统一的结构楼面标高和结构层高分别放在墙、板等各类构件的施工图中

D. 在平面布置图中，应标注未居中承重墙体与轴线的定位，需标明预制剪力墙的门窗洞口、结构洞的尺寸和定位，还需标明预制剪力墙的装配方向

E. 表示管线预埋位置信息时，如果不选用标准图集，高度方向可只注写低区、中区和高区，水平方向应注写具体定位尺寸

4. 预制剪力墙编号由( )组成。

A. 墙板代号   B. 序号

C. 层高   D. 窗宽

E. 窗高

5. 标准图集《预制混凝土剪力墙外墙板》(15G365-1) 中的内叶墙板形式有( )。

A. 无洞口外墙   B. 一个窗洞高窗台外墙

C. 一个窗洞矮窗台外墙   D. 两窗洞外墙

E. 一个门洞外墙

6. 标准图集《预制混凝土剪力墙外墙板》(15G365-1) 中外叶墙板的类型有( )。

A. 无洞口外墙   B. 带窗洞外墙

C. 带门洞外墙   D. 标准外叶墙板

E. 带阳台板外叶墙板

7. 标准图集《预制混凝土剪力墙内墙板》(15G365-2) 中的预制混凝土内墙板形式有( )。

A. 一个窗洞内墙   B. 无洞口内墙

C. 固定门垛内墙   D. 中间门垛内墙

E. 刀把内墙

8. 下列预制墙板的编号表述正确的是( )。

A. WQC2-4830-0615-1515 表示预制内叶墙板类型为两个窗洞外墙,层高4800mm,标志宽度3000mm,其中一窗宽600mm,窗高1500mm,另一窗宽1500mm,窗高1500m

B. WQCA-3029-1517 表示预制内叶墙板类型为一个窗洞矮窗台外墙,标志宽度3000mm,层高2900mm,窗宽1500mm,窗高1700mm

C. WQ-2428 表示预制内叶墙板类型为无洞口外墙,标志宽度2400mm,层高2800mm

D. NQ-2128 表示预制内叶墙板类型为无洞口内墙,标志宽度2100mm,层高2800mm

E. NQM1-3028-0921 表示预制内叶墙板类型为固定门垛内墙,层高3000mm,标志宽度2800mm,门宽900mm,门高2100mm

9. 根据标准图集《预制混凝土剪力墙外墙板》(15G365-1) 中夹心墙板模板图中的主视图,可知墙板的哪些相关尺寸( )。

A. 墙板宽度   B. 墙板高度

C. 窗孔的长和宽度   D. 墙板厚度

E. 窗孔四边距离墙板间的尺寸

项目4 预 制 楼 梯

学习目标

（1）熟悉预制楼梯的分类及构造。

（2）掌握预制混凝土楼梯的模板图和钢筋图的识读方法。

4.1　认识预制混凝土楼梯

装配式混凝土建筑的非结构预制构件是指主体结构柱、梁、剪力墙板、楼板以外的预制构件，包括楼梯、阳台板、空调板、遮阳板、挑檐板、外挂墙板等构件。非结构构件不仅用于装配式混凝土建筑，也常用于现浇混凝土结构建筑，有些构件还可以用于钢结构建筑，如楼梯、外墙挂板等。

预制楼梯是最能体现装配式建筑优势的 PC 构件，作为装配式预制构件中是较容易实现标准化设计和批量生产的构件类型。在工厂预制楼梯远比现浇方便、精致，更易安装和控制质量，安装后马上就可以使用，给工地施工带来了很大的便利，提高了施工安全性。楼梯板安装一般情况下不需要加大工地塔式起重机吨位，所以，现浇混凝土建筑和钢结构建筑也可以方便地使用。

预制装配式混凝土楼梯根据生产、运输、吊装和建筑体系的不同，有许多不同的构造形式。根据组成楼梯的构件尺寸及装配的程度，大致可分为小型构件预制装配式和中、大型构件装配式两大类。

4.1.1　小型构件预制装配式楼梯

小型构件预制装配式楼梯的特点是构件较小，质量小，制作容易，但是施工速度慢，湿作业多，适用于施工条件较差的地区。小型构件预制装配式楼梯的预制构件主要是钢筋混凝土预制踏步板、斜梁、平台梁和平台板等。

预制踏步根据断面形式不同可以分为一字形、L 形和三角形 3 种，图 4.1 为预制踏步的断面形式，图 4.2 所示为三角形预制踏步。

斜梁有矩形、L 形和锯齿形等几种形式，如图 4.3 所示，一字形和 L 形踏步与锯齿形斜梁相配套使用，三角形踏步与矩形，L 形斜梁配套使用。

平台梁可以采用 L 形断面，以便与斜梁、平台梁的连接，如图 4.3、图 4.4 所示。

平台板可以采用预制的预应力空心板、实心平板等，平台板放置在平台梁上。

根据梯段的构造和预制踏步的支承方式不同，小型构件装配式楼梯可分为梁承式、墙承式、悬臂式三种形式。

1. 梁承式钢筋混凝土楼梯

预制装配梁承式钢筋混凝土楼梯是指梯段由平台梁支承的楼梯构造方式。由于在楼梯平台与斜向梯段交汇处设置了平台梁，避免了构件转折处受力不合理和节点处理的困难，在一般大量民用建筑中较为常用。预制构件可按板式梯段（图4.5）或梁板式梯段、平台梁、平台板三部分进行划分。踏步板两端支承在斜梁上，斜梁支承在平台梁上。

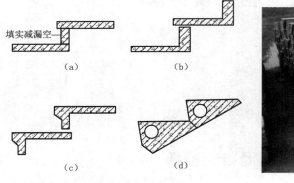

图4.1 预制踏步的断面形式

图4.2 三角形预制踏步

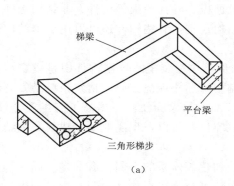

图4.3 预制梯段斜梁的形式

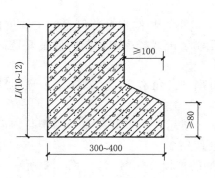

图4.4 平台梁的断面形式

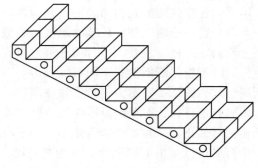

图4.5 板式梯段

2. 墙承式钢筋混凝土楼梯

预制装配墙承式钢筋混凝土楼梯是指预制钢筋混凝土踏步板直接搁置在墙上，省去梯段上的斜梁的一种楼梯构造形式。

墙承式楼梯一般只用于单向楼梯，或中间有电梯间的三折楼梯。如果是两折楼梯，由于在梯段之间有墙，搬运家具不方便，也阻挡视线，上下人流易相撞。通常在中间墙上开设观察口，以使上下人流视线流通（图4.6）。也可将中间墙两端靠平台部分局部收进，以使空间通透，有利于改善视线和搬运家具物品。但这种方式对抗震不利，施工也较麻烦。

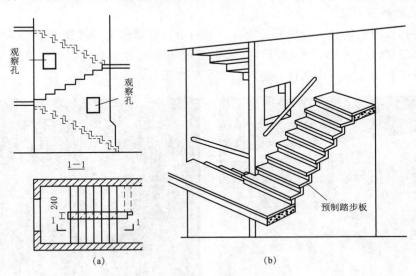

图 4.6　预制装配墙承式楼梯

3. 悬臂式钢筋混凝土楼梯

预制装配墙悬臂式钢筋混凝土楼梯是指预制钢筋混凝土踏步板一端嵌固于楼梯间侧墙上，另一端凌空悬挑的楼梯形式，如图4.7所示。预制装配墙悬臂式钢筋混凝土楼梯用于嵌固踏步板的墙体厚度不应小于240mm，踏步板悬挑长度一般≤1800mm。踏步板一般采用L形带肋断面形式，其入墙嵌固端一般做成矩形断面，嵌入深度240mm。

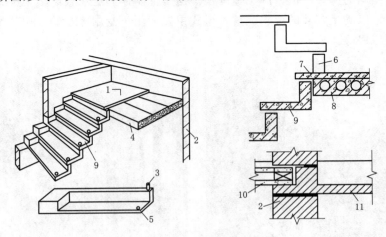

图 4.7　预制装配悬臂式楼梯

1—面层；2—承重墙；3—预留插筋；4—休息平台板；5—安装栏杆预留孔；6—垫砖；
7—细石混凝土；8—预应力空心板；9—悬臂踏步板；10—预应力空心板；11—异型板

4.1.2 中、大型构件预制装配式楼梯

从小型构件改变为中大型构件,主要可以减少预制构配件的数量和种类,对于简化施工过程、提高工作效率、减轻劳动强度等非常有好处。目前,对于装配式混凝土建筑主要采用中、大型预制楼梯,故后面针对中、大型预制楼梯的制作进行阐述。

1. 中型构件预制装配式楼梯

通常将梯段板与休息平台板分开制作,然后通过在梯段上预埋铁件或预留钢筋与平台焊接或整体连接(图 4.8)。平台板可以采用一般的预应力空心板,单独设置平台梁,或者平台板与平台梁合为一个构件,这时通常采用槽形板。

(a) 预留铁件   (b) 预留钢筋

图 4.8 预制梯段板

2. 大型构件预制装配式楼梯

大型构件预制装配式楼梯是指将平台与梯段板加工成一个构件(图 4.9),梯段可以连一面平台,也可连两面平台。可以采用必要的实心大型构件,也可以采用空心构件,每层楼梯由两个相同的构件组成,施工速度快。但构件制作和运输较麻烦,施工现场需要有大型吊装设备,以满足安装的要求。这种形式主要适用于专用体系的大型装配式混凝土建筑中,如工业厂房等。

(a) 一面平台   (b) 两面平台

图 4.9 梯段与楼梯平台作为一个整体制造

4.2 预制楼梯与支撑构件连接方式

预制楼梯与支撑构件连接有 3 种方式：一端固定铰节点一端滑动铰节点的简支方式、一端固定支座一端滑动支座的方式和两端都是固定支座的方式。《装规》中关于楼梯连接方式有以下规定：预制楼梯与支承构件之间宜采用简支连接。

4.2.1 简支连接方式

采用简支连接时，应符合下列规定：预制楼梯宜一段设置固定铰，另一端设置滑动铰。其转动及滑动变形能力应满足结构层间位移的要求，且预制楼梯端部在支承构件上的最小搁置长度应符合表 4.1 的规定。预制楼梯设置滑动铰的端部应采取防止滑落的构造措施。

表 4.1 预制楼梯端部在支承构件上的最小搁置长度

抗震设防烈度	6 度	7 度	8 度
最小搁置长度/mm	75	75	100

固定铰节点构造如图 4.10 所示，滑动铰节点的构造如图 4.11 所示（摘自图集 15G367-1 第 27 页）。铰节点需要事先在主体结构上预埋 M14 的 C 级螺栓，将预制梯段上预留的孔洞套至螺栓上，如果采用固定铰节点，则需要在孔洞上浇筑细石混凝土后密封处理；而对于滑动铰节点，只需对梯段孔做密封处理即可。

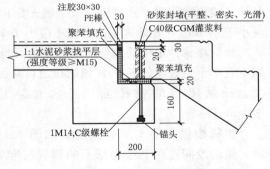

图 4.10 固定铰节点构造

4.2.2 一端固定支座一端滑动支座的方式

预制楼梯固定节点构造如图 4.12 所示，

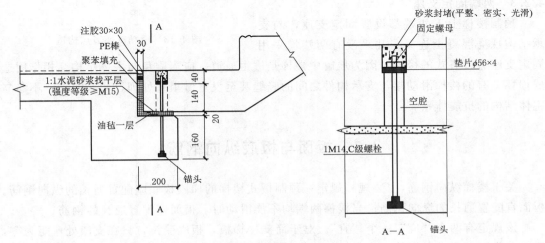

图 4.11 滑动铰节点构造

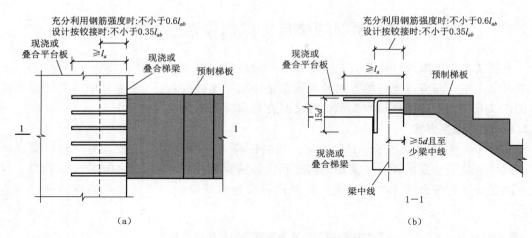

（a）　　　　　　　　　　　　　　　　　　（b）

图 4.12　预制楼梯固定节点构造

预制楼梯内的钢筋需伸入梁、板结构中后浇锚固。其中，梯段底钢筋锚入梁中至少 $5d$（d 为钢筋直径）且至少到梁中线；梯段板上部钢筋可伸入板内锚固，也可伸入梁内锚固，当其伸入梁内锚固时，水平锚固段钢筋充分利用其强度时不应小于 $0.6l_{ab}$，设计按铰接时不应小于 $0.35l_{ab}$，其伸入梁内长度不应小于 $15d$。

预制楼梯伸出钢筋部位的混凝土表面与现浇混凝土结合处应做成粗糙面，粗糙面的面积不宜小于结合面的 80%，预制板的粗糙面凹凸深度不应小于 4mm，预制端梁、预制柱端、预制墙端的粗糙面凹凸深度不应小于 6mm。

预制楼梯滑动支座节点构造如图 4.13 所示，预制段搁置在下端梯梁上的搁置长度 a 为一个梯段宽，梯段与平台预留 50mm 缝隙，采用聚苯板填充。

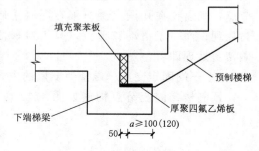

图 4.13　滑动支座节点构造

4.2.3　两端固定支座

预制楼梯上下两端都设置固定支座，与支承结构现浇混凝土连接。几乎没有两端均采用固定支座边接方式的楼梯，因为地震中楼梯是逃生通道，应当避免与主体结构互相作用造成损坏，有的楼梯滑动端与支承构件之间的竖缝甚至没有做填塞处理，留有明缝，不参与主体结构的抗震体系。

4.3　板面与板底纵向钢筋

关于楼梯纵向钢筋，《装规》规定：预制板式楼梯的梯段板底应配置通长的纵向钢筋。板面宜配置通长的纵向钢筋；当楼梯两端均不能滑动时，板面应配置通长的钢筋。

该规定有两个"应"一个"宜"。对于简支楼梯板，板底受拉，只在支座处弯矩为零，所以"应"配置通长钢筋。简支板的板面受压。但考虑在吊装、运输、安装过程中受力复杂，所以建议配置通长钢筋，用了"宜"。当楼梯板两端都是固定节点时，有了负弯矩，板面有了拉应力，所以"应"配置通长钢筋。

4.4 识读预制楼梯施工图

本学习任务选取标准图集《预制钢筋混凝土板式楼梯》（15G367－1）中标准梯段板进行图纸任务练习。使学生熟悉图集中标准梯段板基本尺寸和配筋情况，掌握各类梯段板的安装图、模板图和配筋图的识读方法，为识读实际工程相关图纸打好基础。

标准图集《预制钢筋混凝板式楼梯》（15G367－1）中楼梯梯段板为预制混凝土构件，平台梁、板可采用现浇混凝土。梯段板支座处为销键连接，上端支承处为固定铰支座，下端支承处为滑动铰支座。图集中的标准梯段板对应层高分为 2.8m、2.9m 和 3.0m 三种。双跑楼梯楼梯间净宽为 2.4m 或 2.5m，剪刀楼梯楼梯间净宽为 2.5m 或 2.6m。楼梯入户处建筑面层厚度 50mm，楼梯平台板处建筑面层厚度 30mm。

混凝土强度等级为 C30，钢筋采用 HPB300、HRB400。预埋件的锚板采用 Q235－B 级钢材。钢筋保护层厚度按 20mm 设计，环境类别为一类。

4.1 ▶

识读梯段板详图

4.4.1 预制钢筋混凝土楼梯的规格和编号方法

标准图集《预制钢筋混凝土板式楼梯》（15G367－1）中标准梯段板共有 2 种类型，分别为双跑楼梯（代号为 ST）和剪刀楼梯（代号为 JT），剪刀楼梯一层楼一跑，长度较长；双跑楼梯一层楼两跑，长度短（图 4.14）。

预制钢筋混凝土板式楼梯的规格代号由"楼梯类型＋建筑层高＋楼梯间净宽"三部分组成。

具体含义如下：ST－28－25 表示双跑楼梯，建筑层高 2.8m、楼梯间净宽 2.5m 所对应的预制混凝土板式双跑楼梯梯段板；JT－28－25 表示剪刀楼梯，建筑层高 2.8m、楼梯间净宽 2.5m 所对应的预制混凝土板式剪刀楼梯梯段板。

4.2 ✐

预制楼梯介绍

4.4.2 ST－28－24 楼梯构件识读

预制钢筋混凝土楼梯施工图主要分为 4 种类型：安装图、模板图、配筋图。

1. 安装图

预制钢筋混凝土板式楼梯安装图（图 4.15）由平面布置图和 1—1 剖面图组成，表达的主要内容有 4 个方面：

（1）梯段板的平面位置、竖向位置和梯段编号。

（2）楼梯间尺寸、标高，梯段板（包括踏步信息）尺寸及梯板厚度。

（3）梯段板与梯梁连接节点索引。

（4）相关注意事项。

预制钢筋混凝土板式楼梯安装图的识读如下：

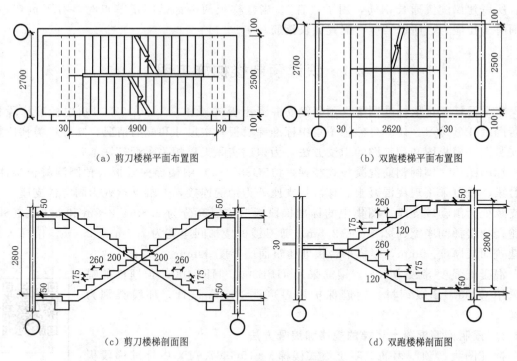

(a) 剪刀楼梯平面布置图　　　　　　(b) 双跑楼梯平面布置图

(c) 剪刀楼梯剖面图　　　　　　(d) 双跑楼梯剖面图

图 4.14　剪刀楼梯和双跑楼梯

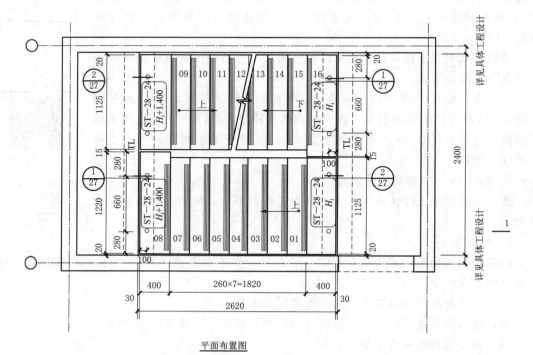

平面布置图

图 4.15(一)　ST-28-24 安装图

(摘自图集 15G367-1 第 8 页)

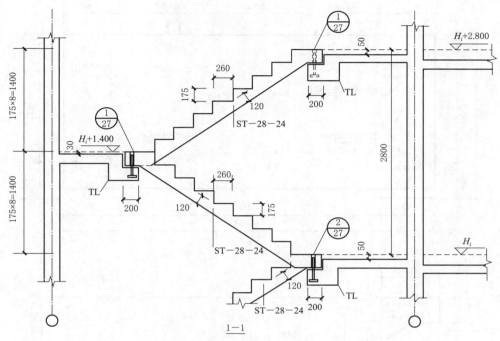

图 4.15（二） ST-28-24 安装图

（摘自图集 15G367-1 第 8 页）

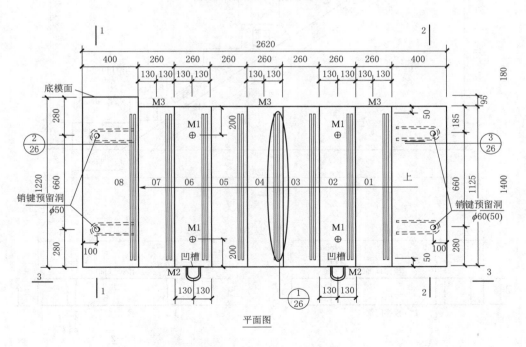

平面图

图 4.16（一） ST-28-24 模板图

（摘自图集 15G367-1 第 9 页）

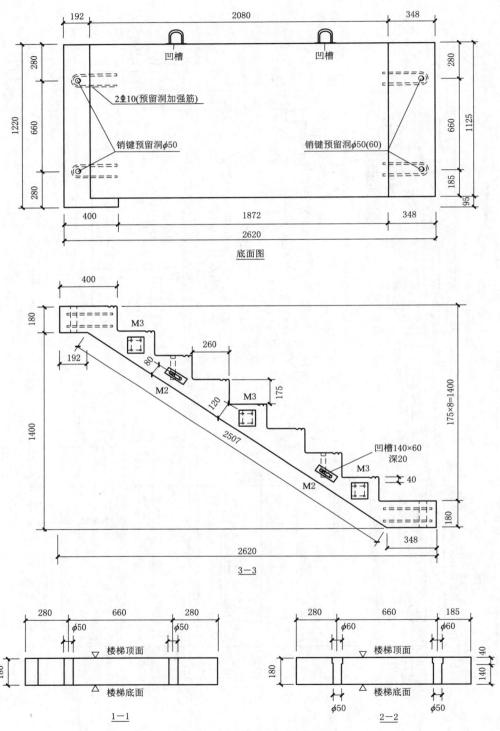

图 4.16(二) ST-28-24 模板图

(摘自图集 15G367-1 第 9 页)

　　ST－28－24 表示楼梯类型为双跑楼梯，适用层高为 2800mm，楼梯间净宽为 2400mm。由平面布置图可知，双跑楼梯是由两个梯段板组成，楼梯间净宽包括：梯井宽 110mm，梯段板宽 1125mm，梯段板与楼梯间外墙间距 20mm。梯段板水平投影长 2620mm，由 1—1 剖面图可知梯段板厚 120mm。

　　以其中的一个梯段板为例，梯段板设置一个与低处楼梯平台连接的底部平台、七个梯段中间的正常踏步（图纸中编号为 01～07）和一个与高处楼梯平台连接的踏步平台（图纸中编号为 08）。

　　与低处楼梯平台连接的底部平台顶面与低处楼梯平台顶面建筑面层平齐，搁置在平台挑梁上，与平台顶面间留 50mm 空隙（见 1—1 剖面图）。梯段伸入平台梁的尺寸为 200mm，节点用滑动铰端连接方式，根据索引符号知其构造做法详图在本图集 27 页图纸上。

　　与高处楼梯平台连接的 08 号踏步平台顶面与高处楼梯平台顶面建筑面层平齐，搁置在平台挑梁上，与平台顶面间留 30mm 空隙（见 1—1 剖面图）。梯段伸入平台梁的尺寸为 200mm，节点用固定铰端连接方式，根据索引符号知其构造做法详图在本图集 27 页图纸上。

　　2. 模板图

　　预制钢筋混凝土板式楼梯模板图（图 4.16）有 5 张图样组成：包括平面图、底面图（梯板仰视）、1—1 剖面图（横剖）、2—2 剖面图（横剖）、3—3 剖面图（纵剖），表达的主要内容有四个方面。

　　（1）预制梯段板的平面、立面、剖面图及详细尺寸。

　　（2）预埋件定位及索引号。

　　（3）预留孔洞尺寸和定位。

　　（4）相关注意事项。

　　预制钢筋混凝土板式楼梯模板图的识读如下：

　　梯段底部平台面宽 400mm，平台底宽 348mm，长度与梯段宽度相同，厚 180mm。平台上设置 2 个销键预留洞，用作安装固定。预留洞中心距离梯段板底部平台侧边都为 100mm，靠梯井一侧的预留洞中心距离侧边 185mm，靠楼梯间外墙一侧预留洞距离侧边 280mm。预留洞下部 140mm 孔径为 50mm，上部 40mm 孔径为 60mm，上下孔径不一致是为了设置可动铰支座。

　　梯段中间的 01 至 07 号踏步自下向上排列，踏步高 175mm，踏步宽 260mm，踏步面长度与梯段宽度相同。踏步面上均设置防滑槽。第 01、04 和 07 踏步台阶靠近梯井一侧的侧面各设置 1 个栏杆预留埋件 M3，在踏步宽度上居中设置。第 02 和 06 踏步台阶靠近楼梯间外墙一侧的侧面各设置 1 个梯段板吊装预埋件 M2，在踏步宽度上居中设置。第 02 和 06 号踏步面上各设置 2 个梯段板吊装预埋件 M1，在踏步宽度上居中，距离踏步两侧边（靠楼梯间外墙一侧和靠梯井一侧）200mm 对称设置。其中 M1 是现场安装用的吊装预埋件，M2 是生产阶段时用的吊装预埋件，M3 是焊接楼梯栏杆用的预埋件。

　　与高处楼梯平台连接的 08 号踏步平台面宽 400mm，平台底宽 192mm，长 1220mm

（靠楼梯间外墙一侧与其他踏步平齐，靠梯井一侧比其他踏步宽出 95mm），厚 180mm。平台上设置 2 个销键预留洞，孔径为 50mm，预留洞中心距离踏步侧边分别为 100m（靠楼梯平台一侧）和 280mm（靠楼梯间外墙一侧），对称设置。该踏步平台与上一梯段板底部平台搁置在同一楼梯平台挑梁上，之间留 15mm 空隙作后期填充用。

3. 配筋图

预制钢筋混凝土板式楼梯配筋图（图 4.17）一般由 5 张图样和一张表格（表 4.2）组成：包括平面图、底面图（梯板仰视）、1—1 剖面图（横剖）、2—2 剖面图（横剖）、3—3 剖面图（横剖）和钢筋表，表达主要预制梯段板钢筋（包含加强筋）的编号、名称、规格、数量、形状、尺寸、重量、排布等信息。

预制钢筋混凝土板式楼梯钢筋图的识读如下：

（1）下部纵筋：图中钢筋编号为①，7 根，布置在梯段板底部。沿梯段板方向倾斜布置，在梯段板底部平台处弯折成水平向。从 2—2 断面图中可以看到，下部纵筋间距 200mm，梯段板宽度上最外侧的两根之间距离调整为 125mm，最外侧钢筋距离板边分别为 40mm 和 35mm。

（2）上部纵筋：图中钢筋编号为②，7 根，布置在梯段板顶部。沿梯段板方向倾斜布置，在梯段板底部平台处不弯折，直伸至下部纵筋水平段处。在梯段板宽度上与下部纵筋对称布置。

（3）上、下分布筋：图中钢筋编号为③，20 根，分别布置在下部纵筋和上部纵筋内侧，与下部纵筋和上部纵筋分别形成网片。仅在梯段倾斜区均匀布置，底部平台和顶部踏步平台处不布置。单根分布筋两端 90 度弯折，弯钩长度 80mm，对应的上、下分布筋通过弯钩搭接成封闭状（位于纵筋内侧，不能称之为箍筋）。

（4）边缘纵筋：图中钢筋编号为④和⑥，共 12 根，分别布置在顶部踏步平台和底部平台处，沿平台长度方向（即梯段宽度方向）。每个平台布置 6 根，平台上、下部各 3 根，采用类似梁纵筋形式布置。因顶部踏步平台长度较梯段板宽度稍大，其边缘纵筋长度大于底部平台边缘纵筋长度。底部平台边缘纵筋布置在梯段板下部纵筋水平段之上。

（5）边缘箍筋：图中钢筋编号为⑤和⑦，共 18 根，分别布置在顶部踏步平台和底部平台处，箍住各自的边缘纵筋。间距 150mm，底部平台最外侧两道箍筋间距调整为 70mm，顶部踏步平台最外侧两道箍筋间距调整为 100mm。

（6）边缘加强筋：图中钢筋编号为⑪和⑫，共 4 根，布置在上、下分布筋的弯钩内侧，与梯段板下部纵筋和上部纵筋同向。在梯段板底部平台处均弯折成水平向，与梯段板下部纵筋水平段同层。上部边缘加强筋在顶部踏步平台处弯折成水平向。

（7）销键预留洞加强筋：图中钢筋编号为⑧，8 根，每个销键预留洞处上、下各 1 根，布置在边缘纵筋内侧，水平布置。

（8）吊点加强筋：图中钢筋编号为⑨，8 根，每个吊点预埋件 M1 中心线左、右两侧 50mm 处各布置 1 根。

（9）吊点加强筋：图中钢筋编号为⑩，2 根，布置在⑨号吊点加强筋的弯折处。

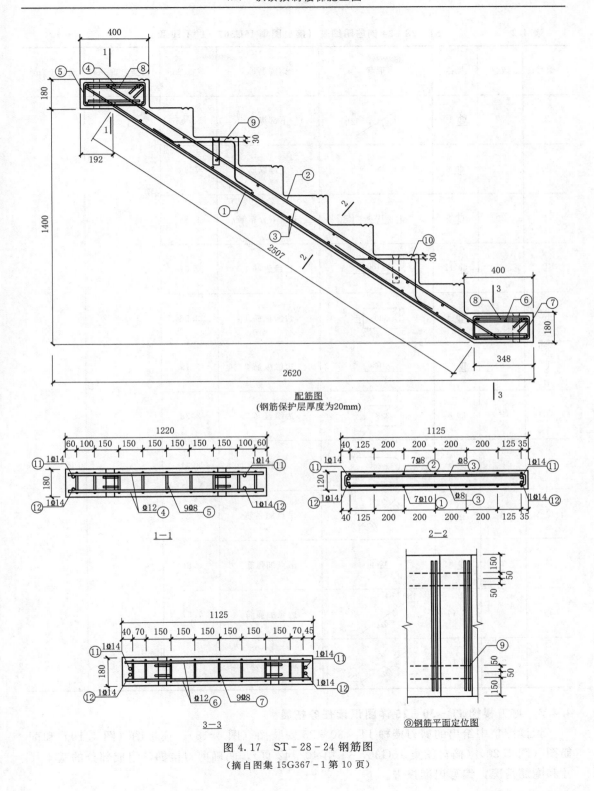

配筋图
(钢筋保护层厚度为20mm)

1—1

2—2

3—3

⑨钢筋平面定位图

图 4.17 ST－28－24 钢筋图
(摘自图集 15G367－1 第 10 页)

89

表 4.2　　　　　　ST－28－24 钢筋明细表（摘自图集 15G367－1 第 10 页）

编号	数量	规格	形状	钢筋名称	重量/kg	钢筋总重/kg	混凝土/m³
①	7	⏀10	2700　　321	下部纵筋	13.05		
②	7	⏀8	2728	上部纵筋	7.54		
③	20	⏀8	80　1085　80	上、下分布筋	9.84		
④	6	⏀12	1180	边缘纵筋 1	7.57		
⑤	9	⏀8	360　140	边缘箍筋 1	3.56		
⑥	6	⏀12	1085	边缘纵筋 2	5.79	72.18	0.6524
⑦	9	⏀8	328　140	边缘箍筋 2	3.33		
⑧	8	⏀10	280	加强筋	3.31		
⑨	8	⏀8	100　327　213　100	吊点加强筋	2.34		
⑩	2	⏀8	1085	吊点加强筋	0.86		
⑪	2	⏀14	150　2700　275	边缘加强筋	7.57		
⑫	2	⏀14	2700　368	边缘加强筋	7.42		

4.4.3　剪刀楼梯 JT－30－25 详图识读任务拓展

识读图集中给出的剪刀楼梯 JT－30－25 安装图（图 4.18）、模板图（图 4.19）和配筋图（图 4.20）（摘自图集 15G367－1 第 40～42 页），明确剪刀楼梯各组成部分的基本尺寸和配筋情况，编写识读报告。

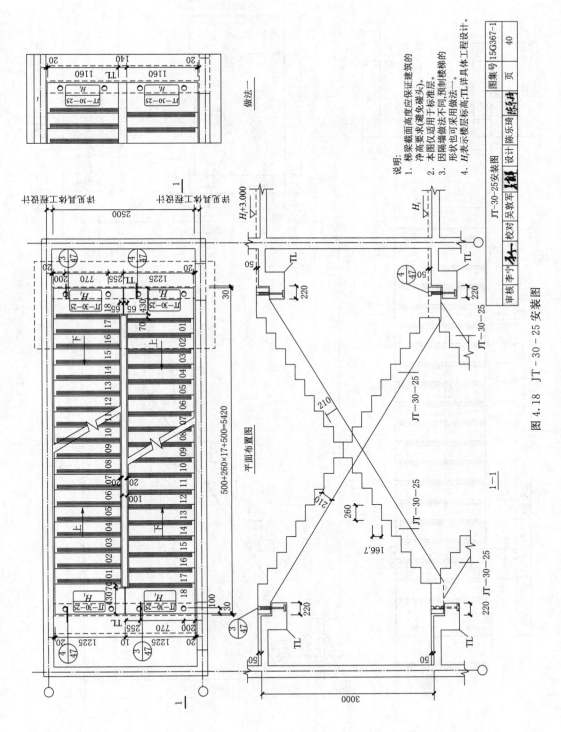

图 4.18 JT-30-25 安装图

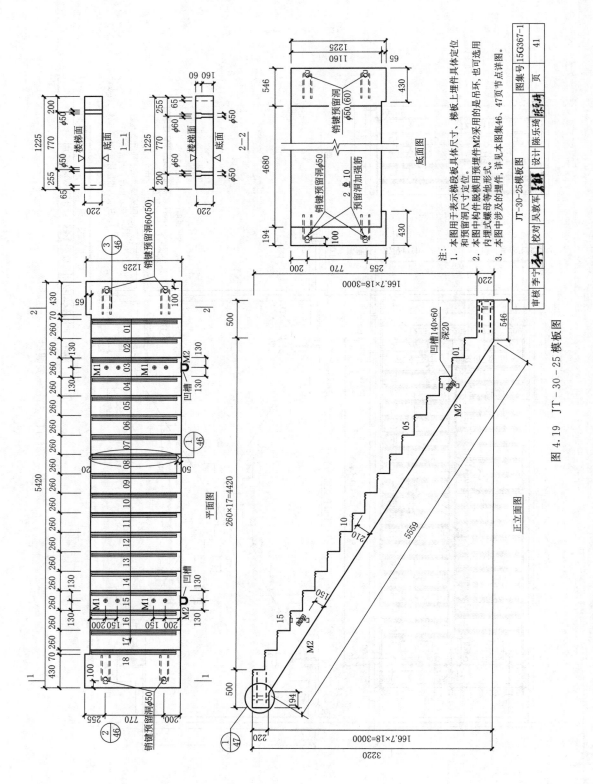

图 4.19 JT-30-25 模板图

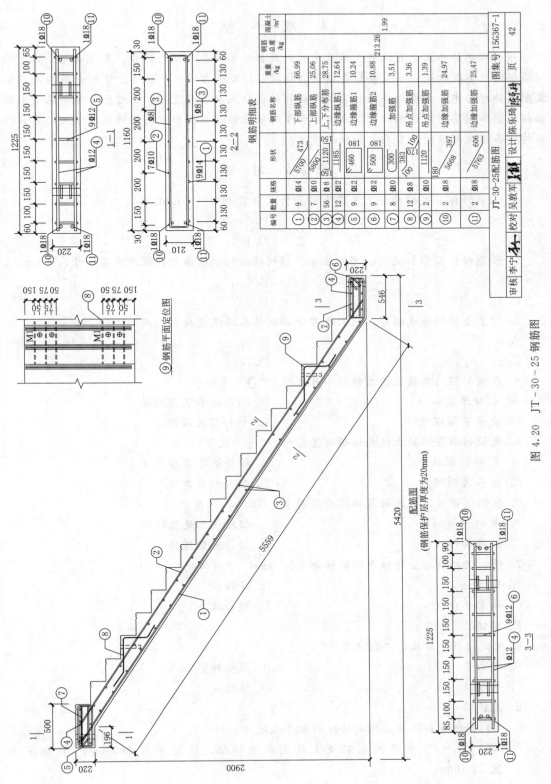

钢筋明细表

编号	数量	规格	形状	钢筋名称	重量/kg	钢筋总重/kg
①	9	Φ14	5700 / 473	下部纵筋	66.99	
②	7	Φ10	5600	上部纵筋	25.06	
③	56	Φ8	1120 / 150	上、下分布筋	28.75	
④	12	Φ12	1185	边缘纵筋1	12.64	
⑤	9	Φ12	460 / 180	边缘箍筋1	10.24	
⑥	9	Φ12	500 / 180	边缘箍筋2	10.88	213.26
⑦	8	Φ8	300 / 383	加强筋	3.51	
⑧	8	Φ10	1120 / 170 / 100	吊点加强筋	3.36	
⑨	2	Φ8	180	吊点加强筋	1.39	
⑩	2	Φ18	5668 / 397	边缘加强筋	24.97	
⑪	2	Φ18	5763 / 606	边缘加强筋	25.47	

| | | | | 混凝土/m³ | | 1.99 |

JT-30-25配筋图						
制图 陈东	设计 陈东玮	校对 吴数军	审核 李宁			
图集号	15G367-1					
页	42					

配筋图
(钢筋保护层厚度为20mm)

图 4.20 JT-30-25 钢筋图

本 章 小 结

预制楼梯作为装配式混凝土建筑中的附属构件构是最常见的部分，本章首先介绍了预制楼梯的分类及构造，预制楼梯包括预制梯段、L型平台梁、平台板。了解小型构件预制装配式楼梯与中、大型构件预制装配式楼梯的优缺点和适用范围。并进行了预制混凝土楼梯模板图和钢筋图的识读训练，要求学生掌握梯段板模板图和钢筋图的识读方法，能够明确构件各组成部分的基本尺寸和配筋情况。

课 后 习 题

1. 预制楼梯在支撑构件上的最小搁置长度不宜小于（　）mm。

A. 50　　　　　　　　　　　　　　B. 65

C. 75　　　　　　　　　　　　　　D. 100

2. 预制楼梯在预制梁端、预制柱端、预制墙端的粗糙面凹凸深度不应小于（　）mm。

A. 5　　　　　　　　　　　　　　B. 6

C. 7　　　　　　　　　　　　　　D. 8

3. 对于全预制板式楼梯，板内负弯矩钢筋伸入现浇混凝土不应小于（　）d。

A. 9　　　　　　　　　　　　　　B. 10

C. 11　　　　　　　　　　　　　　D. 12

4. 在预制钢筋混凝土板式楼梯布置图中，"●）"表示（　）。

A. 栏杆预留洞口　　　　　　　　　B. 梯段板吊装预埋件

C. 板吊装预埋件　　　　　　　　　D. 栏杆预留埋件

5. 在预制钢筋混凝土板式楼梯布置图中，"⊕"表示（　）。

A. 栏杆预留洞口　　　　　　　　　B. 梯段板吊装预埋件

C. 板吊装预埋件　　　　　　　　　D. 栏杆预留埋件

6. 在预制钢筋混凝土板式楼梯布置图中，"ⱳ::::::::Ⱶ"表示（　）。

A. 栏杆预留洞口　　　　　　　　　B. 梯段板吊装预埋件

C. 板吊装预埋件　　　　　　　　　D. 栏杆预留埋件

7. 预制钢筋混凝土楼梯是将楼梯分成（　）和（　）两部分。

A. 踏步板　　　　　　　　　　　　B. 踢脚板

C. 休息平台板　　　　　　　　　　D. 栏杆扶手

E. 楼梯段

8. 板式楼梯主要由（　）组成。

A. 平台梁　　　　　　　　　　　　B. 梯段斜梁

C. 平台板　　　　　　　　　　　　D. 梯段板

E. 悬挑梁

9. 下列预制钢筋混凝土板式楼梯的编号表述正确的是（　）。

A. ST-28-25 表示预制混凝土板式双跑楼梯，建筑层高 2800mm、楼梯间净宽 2500mm

B. JT-28-25 表示预制混凝土板式剪刀楼梯，建筑层高 2800mm、楼梯同净宽 2500mm

C. ST-29-24 表示预制混凝土板式双跑楼梯，建筑层高 2900mm、楼梯间净宽 2400mm

D. ST-30-25 表示预制混凝土板式剪刀楼梯，建筑层高 3000mm、楼梯间净宽 2500mm

E. JT-29-26 表示预制混凝土板式双跑楼梯，建筑层高 2900mm、楼梯间净宽 2600mm

项目5 预制阳台

学习目标

（1）熟悉预制阳台的分类及构造。

（2）掌握预制混凝土阳台的模板图、钢筋图和节点详图的识读方法。

5.1 认识预制混凝土阳台

装配式混凝土建筑的非结构预制构件是指主体结构柱、梁、剪力墙板、楼板以外的预制构件，包括楼梯、阳台板、空调板、遮阳板、挑檐板、外挂墙板等构件。预制阳台是装配式混凝土建筑中一个比较重要的附属构件，也是最普遍的预制构件。

阳台板为悬挑板式构件，有叠合式（半预制）和全预制式两种类型。预制阳台可以节省工地制模和支撑。阳台板一般在预制工厂制作，在叠合板体系中，可以将预制阳台和叠合楼板以及叠合墙板一次性浇筑成一个整体，或运输到现场安装。预制阳台板较适合在由多幢住宅组成的住宅小区中使用，在阳台板数量较多的情况下，更能显示出优越性。另一个显著优点是预制阳台板吊装就位后，板底设立柱即可，没有很大的现场混凝土浇筑的工作量，因而极大地加快了施工速度。

叠合式阳台可分为叠合式阳台、全预制板式阳台、全预制梁式阳台，如图 5.1、图 5.2 所示。其中全预制梁式阳台一般用于外墙不采用夹心保温剪力墙时的装配式住宅。考虑到全预制板式阳台伸出钢筋的锚固长度较长［图 5.2（a）］，现市面上较常见的是将全预制板式阳台做成如图 5.3 所示，把现浇范围扩大。

图 5.1 叠合阳台

（a）全预制板式阳台　　　　　　　　　　　（b）全预制梁式阳台

图 5.2　全预制阳台

图 5.3　全预制板式阳台（现浇范围扩大）

5.2　预制混凝土阳台的构造要求

阳台板宜采用全预制构件或叠合构件。预制构件应与主体结构可靠连接，叠合构件的负弯矩钢筋应在相邻叠合板的后浇混凝土中可靠锚固。

对于全预制构件，阳台板的负弯矩钢筋锚固要求如图 5.4 所示：对于全预制板式阳台，板内负弯矩钢筋伸入现浇混凝土不应小于 $12d$，且至少伸过梁（墙）中心线；对于全预制梁式阳台，两端预制梁内负弯矩钢筋应伸入现浇结构不少于 $1.1l_a$（l_a钢筋基本锚固长度），阳台板内分布钢筋伸入现浇结构中不少于 $5d$，且伸过梁（墙）中心线。

对于叠合构件，由于上部负弯矩钢筋在现场施工时布置，其布置和构造要求与现浇结构类似。叠合构件中预制板底钢筋的锚固要求如下。

（1）当板底为构造配筋时，其钢筋应符合以下规定：叠合板支座处，预制板内的纵向受力钢筋宜从板端伸出并锚入支承梁或墙的后浇混凝土中，锚固长度不应小于 $5d$，且宜过支座中心线。

（2）当板底为计算要求配筋时，钢筋应满足受拉钢筋的锚固要求。受拉钢筋基本锚固长度也称为非抗震锚固长度，一般来说，在非抗震构件（或四级抗震条件）中（如基础筏

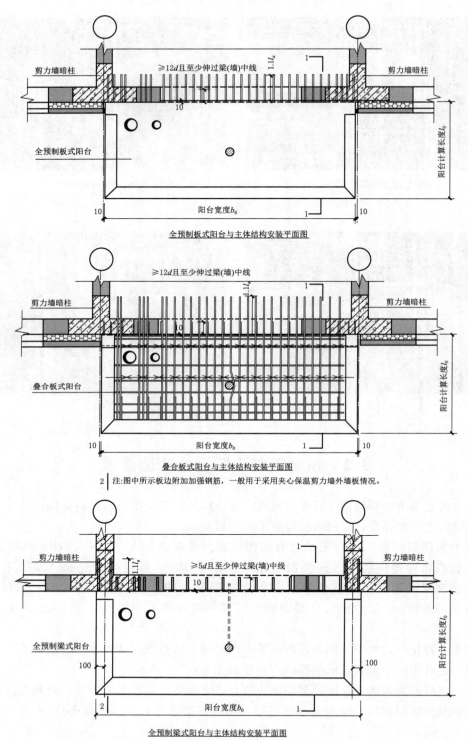

全预制板式阳台与主体结构安装平面图

叠合板式阳台与主体结构安装平面图

2　注:图中所示板边附加加强钢筋,一般用于采用夹心保温剪力墙外墙板情况。

全预制梁式阳台与主体结构安装平面图

图5.4　全预制阳台负弯矩钢筋在后浇混凝土中的锚固要求

（摘自图集15G368－1）

板、基础梁等）用时，表示为 l_a 或 l_{ab}。通常说的锚固长度是指抗震锚固长度 l_{aE}，该数值以基本锚固长度乘以相应的系数 ζ_{aE} 得到。ζ_{aE} 在一、二级抗震时取 1.15，三级抗震时取 1.05，四级抗震时取 1.00。

5.3 预制混凝土阳台的连接构造

预制阳台与主体结构连接节点分别如图 5.5～图 5.7 所示。

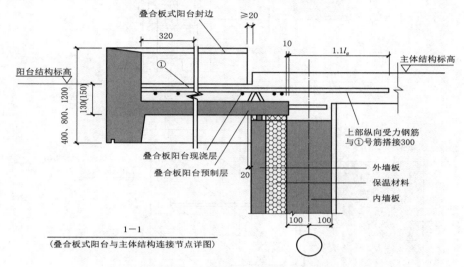

图 5.5 叠合式阳台板连接节点

（摘自图集 15G368－1 第 B14 页）

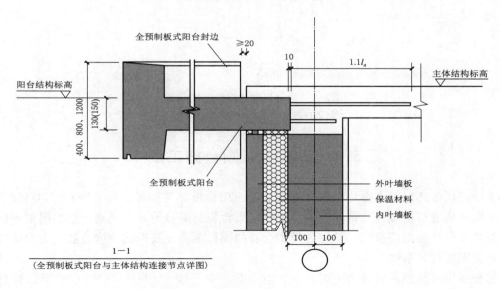

图 5.6 全预制板式阳台板连接节点

（摘自图集 15G368－1 第 B23 页）

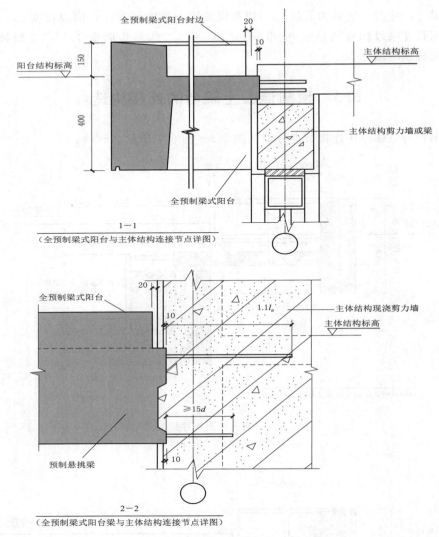

1—1

（全预制梁式阳台与主体结构连接节点详图）

2—2

（全预制梁式阳台梁与主体结构连接节点详图）

图 5.7 全预制梁式阳台连接节点

（摘自图集 15G368-1 第 B29 页）

5.4 识读预制阳台施工图

本学习任务选取标准图集《预制钢筋混凝土阳台板、空调板、女儿墙》（15G368-1）中标准阳台板进行图纸任务练习。使学生读懂阳台板的编号等制图规则，熟悉图集中标准阳台板基本尺寸和配筋情况，掌握各类阳台板的模板图和配筋图的识读方法，为识读实际工程相关图纸打好基础。

标准图集《预制钢筋混凝土阳台板、空调板、女儿墙》（15G368-1）中阳台板分为叠合板式阳台、全预制板式阳台、全预制梁式阳台。预制阳台板沿悬挑长度方向按建筑模板 2M 设计（叠合板式阳台、全预制板式阳台 1000、1200、1400mm；全预制梁式阳台

1200、1400、1600、1800mm），沿房间开间方向按建筑模数 3M 设计（2400、2700、3000、3300、3600、3900、4200、4500mm）。

混凝土强度等级为 C30，钢筋采用 HPB300、HRB400。预埋铁件的钢板采用 Q235-B，内埋式吊杆采用 Q345 钢材。钢筋保护层厚度板按 20mm，梁按 25mm 设计。

5.4.1 预制钢筋混凝土阳台的编号方法

根据国家标准图集（15G368-1）有关规定，预制钢筋混凝土阳台板的规格代号由"预制阳台名称汉语拼音＋阳台类型＋阳台悬挑长度＋预制阳台板宽度对应的房间开间的

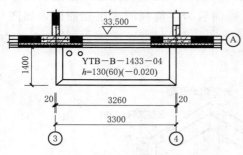

图 5.8 预制阳台板平面注写示例

轴线尺寸＋封板高度"4 部分组成，图集预制阳台示例如图 5.8、表 5.1 所示。

其中预制阳台名称用汉语拼音手写字母 Y 表示，预制阳台板类型：D 型代表叠合板式阳台，B 型代表全预制板式阳台，L 型代表全预制梁式阳台。

YTB-D-1024-08 即表示预制叠合板式阳台，挑出长度为 1000mm，阳台开间为 2400m，封边高度 800mm。

表 5.1 预制钢筋混凝土阳台板的编号

预制阳台类型	规格代号
类型 D、B 型	YTB-X-X X X X-X X 预制阳台 类型 D、B 型 封边高度/dm 预制阳台板宽度对应房间开间的轴线尺寸/dm 阳台板悬挑长度的结构尺寸/dm （相对剪力墙外墙外表面挑出长度）
梁式阳台	YTB-L-X X X X 预制阳台 梁式阳台 阳台板宽度对应房间开间的轴线尺寸/dm 阳台板悬挑长度的结构尺寸/dm （相对剪力墙外墙外表面挑出长度）

5.4.2 图例、符号及构件视点说明

标准图集 15G368-1 对预制阳台所用图例及符号进行了如下规定，见表 5.2、表 5.3。

表 5.2 图例

名称	图例	名称	图例
预制钢筋混凝土构件		后浇段、边缘构件	
保温层		夹心保温外墙	
钢筋混凝土现浇层			

表 5.3   符 号 说 明

名　称	符　号	名　称	符　号
压光面	$\triangle Y$	粗糙面	$\triangle C$
模板面	$\triangle M$		

标准图集 15G368‑1 对预制阳台板的投影方式，从上至下为俯视图或平面图，从下至上为仰视图或底面图，自左向右形成右视图，自前向后为主前视图或正立面图，如图 5.9 所示。

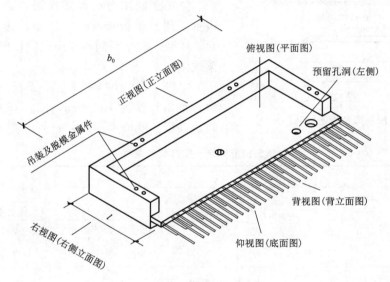

图 5.9 预制阳台视点

5.4.3 叠合板式阳台 YTB‑D‑××××‑04 构件识读

叠合板式阳台施工图主要分为 4 种类型：底板模板图、底板配筋图、底板配筋表和节点详图。

1. 底板模板图（图 5.10）

预制钢筋混凝土叠合板式阳台底板模板图由平面图、底面图、立面图、剖面图和洞口纵向排布图组成，表达的主要内容有 5 个方面：

（1）阳台在建筑中所处的位置及所在房间开间。

（2）阳台的宽度和长度方向的尺寸。

（3）阳台排水预留孔、吊点等构造的水平位置及尺寸。

（4）叠合板现浇层厚度，预制板有关厚尺寸，现浇板与预制板的叠合处理及有关尺寸。

（5）外叶墙及保温层厚度，阳台板封边厚度。

预制钢筋混凝土叠合板式阳台底板模板图的识图如下。

5.1 　⊘

预制阳台
介绍

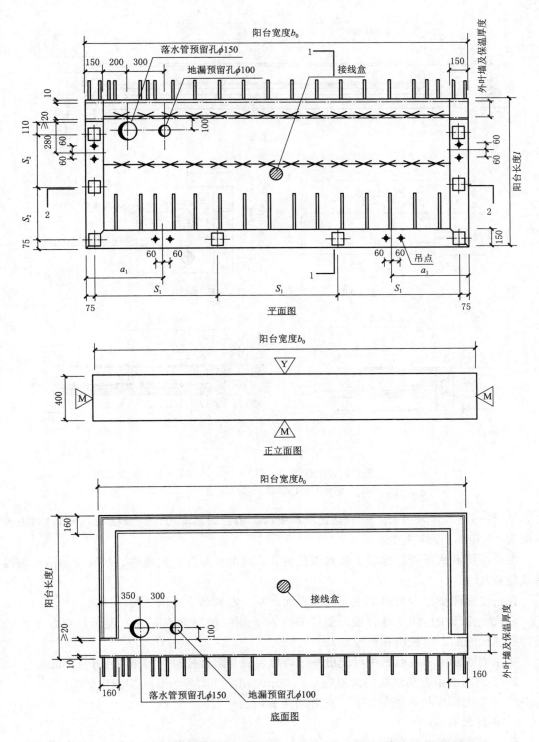

图 5.10（一） 叠合板式阳台 YTB-D-××××-04 预制底板模板图

（摘自图集 15G368-1 第 B07 页）

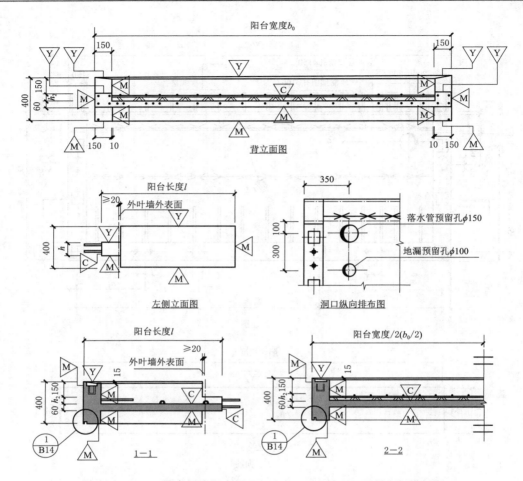

图 5.10（二） 叠合板式阳台 YTB-D-××××-04 预制底板模板图
（摘自图集 15G368-1 第 B07 页）

  YTB-D-××××-04 表示叠合板式阳台，阳台的宽度为 b_0，长度为 l，阳台封边的高度为 400mm，厚度为 150mm。

  在平面图和底面图中标明了落水管预留孔，地漏预留孔，预埋件、接线盒、吊点的构造及位置尺寸。

  在正立面图中阳台封边上表面为压光面，左、右侧和下底面为模板面。

  在背立面图中标明了叠合板现浇层厚度 h_2，预制板厚度 60mm 以及阳台板各位置表面特征（压光面、模板面和粗糙面）。

  从左侧立面图和底面图中可读出外叶墙外表面与阳台板封边间距不小于 20mm。

  1-1 剖面图中有滴水线的索引符号，表示详图是在编号为 B14 图纸上的①图。

  2-2 剖面图中栏杆的预留孔，此处为压光面。

  2. 底板配筋图

  预制钢筋混凝土叠合板式阳台底板配筋图（图 5.11）由配筋平面图（板）、配筋平面图（封边）、剖面图和阳台板洞口纵向排布配筋图组成，表达的主要内容有 3 个方面：

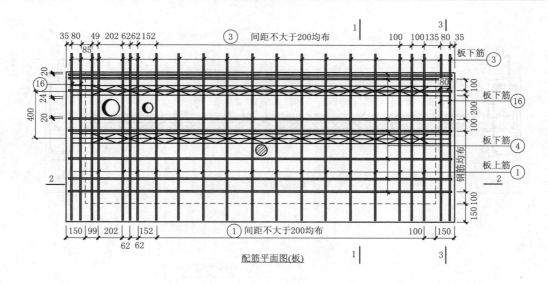

配筋平面图(板)

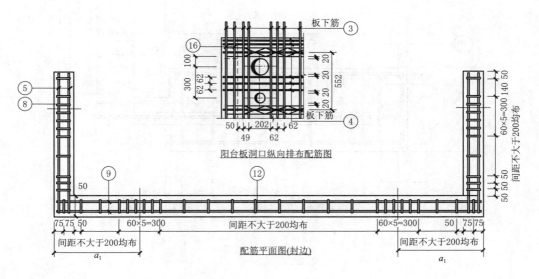

阳台板洞口纵向排布配筋图

配筋平面图(封边)

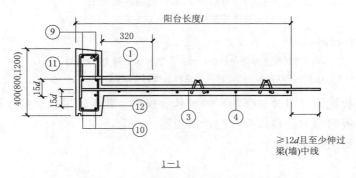

1—1

图 5.11 (一) 叠合板式阳台预制底板配筋图

(摘自图集 15G368－1 第 B09 页)

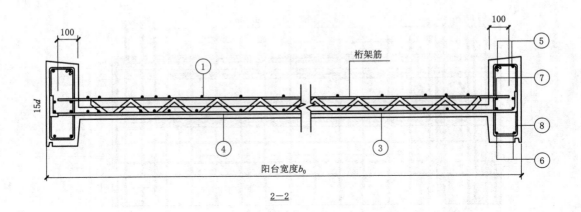

2—2

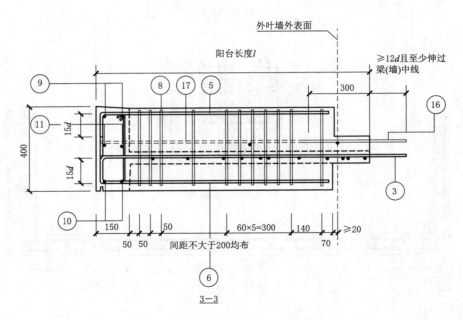

3—3

图 5.11（二） 叠合板式阳台预制底板配筋图

（摘自图集 15G368 - 1 第 B09 页）

注 1.16 号钢筋仅用于 YTB - D - ××××- 04。

2.YTB - D - ××××- 08 利用腰筋 7 号钢筋伸出，伸出位置和长度同 16 号钢筋。

3.17 号钢筋仅用于 YTB - D - ××××- 12，伸出位置和长度同 16 号钢筋。

（1）预制阳台板钢筋（包含加强筋）的编号、规格、数量、形状、尺寸等信息。

（2）预制阳台板钢筋的排布信息，包含加强筋。

（3）各节点钢筋的排布信息。

3. 底板配筋表

预制钢筋混凝土叠合板式阳台底板配筋表（表 5.4）主要是补充配筋图钢筋信息，包含预制阳台板钢筋（包含加强筋）的编号、名称、规格、数量、形状、尺寸、重量等信息。

106

表5.4

叠合板式阳台预制底板配筋表(摘自图集 15G368－1 第 B10 页)

叠合板式阳台预制底板配筋表(一)

构件编号	① 规格	① 加工尺寸	① 根数	③ 规格	③ 加工尺寸	③ 根数	④ 规格	④ 加工尺寸	④ 根数	⑤ 规格	⑤ 加工尺寸	⑤ 根数	⑥ 规格	⑥ 加工尺寸	⑥ 根数
YTB-D-1024-04	Φ8	120 | 445	11	Φ8	120 | 1085	18	Φ10	150 | 2330	7	Φ12	180 | ≈800	4	Φ12	180 | ≈800	4
YTB-D-1027-04	Φ8	120 | 445	13	Φ8	120 | 1085	19	Φ10	150 | 2630	7	Φ12	180 | ≈800	4	Φ12	180 | ≈800	4
YTB-D-1030-04	Φ8	120 | 445	14	Φ8	120 | 1085	21	Φ10	150 | 2930	7	Φ12	180 | ≈800	4	Φ12	180 | ≈800	4
YTB-D-1033-04	Φ8	120 | 445	16	Φ8	120 | 1085	22	Φ10	150 | 3230	7	Φ12	180 | ≈800	4	Φ12	180 | ≈800	4
YTB-D-1036-04	Φ8	120 | 445	17	Φ8	120 | 1085	24	Φ10	150 | 3530	7	Φ12	180 | ≈800	4	Φ12	180 | ≈800	4
YTB-D-1039-04	Φ8	120 | 445	19	Φ8	120 | 1085	25	Φ10	150 | 3830	7	Φ12	180 | ≈800	4	Φ12	180 | ≈800	4
YTB-D-1042-04	Φ8	120 | 445	20	Φ8	120 | 1085	27	Φ10	150 | 4130	7	Φ12	180 | ≈800	4	Φ12	180 | ≈800	4
YTB-D-1045-04	Φ8	120 | 445	22	Φ8	120 | 1085	28	Φ10	150 | 4430	7	Φ12	180 | ≈800	4	Φ12	180 | ≈800	4

构件编号	⑧ 规格	⑧ 加工尺寸	⑧ 根数	⑨ 规格	⑨ 加工尺寸	⑨ 根数	⑩ 规格	⑩ 加工尺寸	⑩ 根数	⑪ 规格	⑪ 加工尺寸	⑪ 根数	⑫ 规格	⑫ 加工尺寸	⑫ 根数	⑬ 规格	⑬ 加工尺寸	⑬ 根数
YTB-D-1024-04	Φ6	350×100	22	Φ12	180 | 2330	2	Φ12	180 | 2330	2	Φ8	180 | 2330	2	Φ6	350×100	21	Φ8	400	4
YTB-D-1027-04	Φ6	350×100	22	Φ12	180 | 2630	2	Φ12	180 | 2630	2	Φ8	180 | 2630	2	Φ6	350×100	23	Φ8	400	4
YTB-D-1030-04	Φ6	350×100	22	Φ12	180 | 2930	2	Φ12	180 | 2930	2	Φ8	180 | 2930	2	Φ6	350×100	25	Φ8	400	4
YTB-D-1033-04	Φ6	350×100	22	Φ12	180 | 3230	2	Φ12	180 | 3230	2	Φ8	180 | 3230	2	Φ6	350×100	26	Φ8	400	4
YTB-D-1036-04	Φ6	350×100	22	Φ12	180 | 3530	2	Φ12	180 | 3530	2	Φ8	180 | 3530	2	Φ6	350×100	28	Φ8	400	4
YTB-D-1039-04	Φ6	350×100	22	Φ12	180 | 3830	2	Φ12	180 | 3830	2	Φ8	180 | 3830	2	Φ6	350×100	29	Φ8	400	4
YTB-D-1042-04	Φ6	350×100	22	Φ12	180 | 4130	2	Φ12	180 | 4130	2	Φ8	180 | 4130	2	Φ6	350×100	31	Φ8	400	4
YTB-D-1045-04	Φ6	350×100	22	Φ12	180 | 4430	2	Φ12	180 | 4430	2	Φ8	180 | 4430	2	Φ6	350×100	32	Φ8	400	4

预制钢筋混凝土叠合板式阳台 YTB-D-××××-04 底板配筋图、配筋表应结合来进行，识读如下：

板内配筋有 10 种钢筋类型，在板段和板中各对应有剖面图，编号为 1—1，2—2，3—3。

（1）纵向板上筋：配筋平面图（板）中钢筋编号为①，11 根，1 号钢筋在板端部节点处适当加密，具体排布尺寸可参考底板配筋图。在阳台排水预留孔、地漏处预留宽度 202mm 和 152mm。板跨中位置钢筋间距不大于 200mm。

（2）板下部纵向筋：配筋平面图（板）中钢筋编号为③，根数 18 根，3 号钢筋在板端部节点处适当加密，具体排布尺寸见底板配筋图。在阳台排水预留孔、地漏处预留宽度、板跨中位置钢筋排布具体见阳台板洞口纵向配筋图。

（3）板下部横向筋：配筋平面图（板）中钢筋编号为④，根数 7 根，4 号钢筋板端部节点处适当加密，具体排布尺寸见底板配筋图。在阳台排水预留孔、地漏处预留宽度 200mm，边缘加密，板跨中位置钢筋均匀分布。

（4）板下部边缘横向筋：配筋平面图（板）中钢筋编号为⑯，根数 4 根，16 号钢筋在板端部节点处，间距 80mm 排布，具体位置可参照阳台板洞口纵向配筋图。

（5）板侧面封边顶部钢筋：2—2 剖面图中钢筋编号为⑤，根数 4 根，每侧各 2 根。

（6）板侧面封边底部钢筋：2—2 剖面图中钢筋编号为⑥，根数 4 根，每侧各 2 根。

（7）板两侧面封边箍筋：2—2 剖面图中钢筋编号为⑧，根数 22 根。

（8）封边顶部钢筋：1—1 剖面图中钢筋编号为⑨，根数 2 根。

（9）板侧面封边底部钢筋：1—1 剖面图中钢筋编号为⑩，根数 2 根。

（10）板侧面封边箍筋：1—剖面图中可以看到钢筋编号为⑫，YTB-D-1024-04 构件中根数为 21 根，间距不大于 200mm 均匀分布，具体位置可参照配筋平面图（封边）。

注：2-2 剖面图中 7 号钢筋和 1-1 剖面图中 1 号钢筋，均为板侧面封边腰部钢筋。适用于 YTB-D-××××-08 和 YTB-D-××××-12。而 YTB-D-××××-04 封闭高度较低，不需要设置。

4. 节点详图

预制钢筋混凝土叠合板式阳台节点详图由阳台板与主体结构安装平面图（图 5.4）、叠合板式阳台与主体结构连接节点详图（图 5.5）、阳台板吊装预埋件详图、封边位置桁架钢筋详图、阳台栏杆埋件详图和滴水线大样（图 5.12）6 个部分组成。

节点详图识图如下：

（1）吊环预埋件详图：内埋式吊杆采用 Φ6 钢锚，2 锚杆中心距 120mm 固定；预埋钢环与封边内箍筋绑扎为一体，并在伸出板面处留有凹槽，以施工吊装结束将吊环割除后用水泥砂浆填实。

（2）封边桁架钢筋：表达了桁架钢筋的位置及其深入阳台封边的尺寸关系。

（3）滴水线：表达了滴水线的形状、位置和详细尺寸做法。

（4）阳台栏杆埋件详图：栏杆预埋件预留口上部 $100 \times 100 mm^2$，下部 $60 \times 60 mm^2$，深 90mm。

5.4.4　全预制板式阳台 YTB-B-××××-04 构件识读

全预制板式阳台施工图主要分为 4 种类型：模板图、配筋图、配筋表和节点详图。

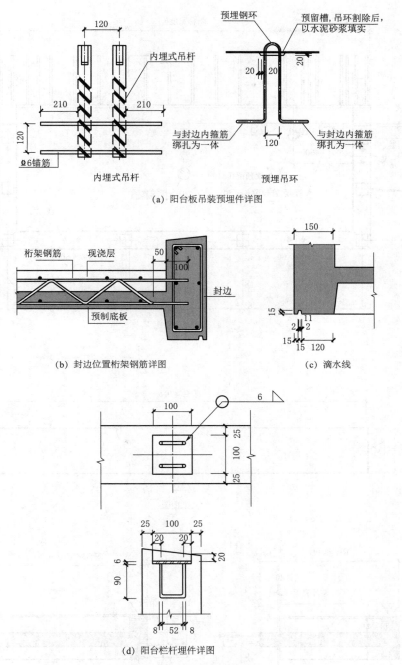

(a) 阳台板吊装预埋件详图

(b) 封边位置桁架钢筋详图

(c) 滴水线

(d) 阳台栏杆埋件详图

图 5.12 叠合板式阳台节点详图

（摘自图集 15G368-1 第 B14 页）

1. 底板模板图

预制钢筋混凝土叠合板式阳台底板模板图（图 5.13）由平面图、底面图、立面图、剖面图和洞口纵向排布图组成，表达的主要内容有 5 个方面。

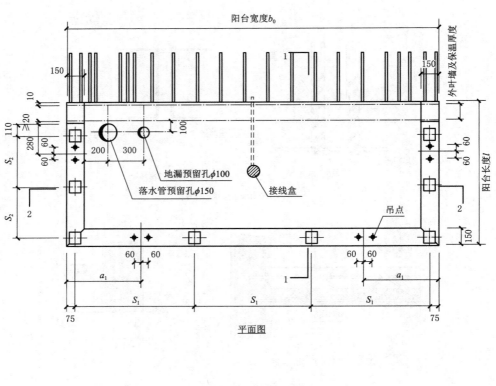

平面图

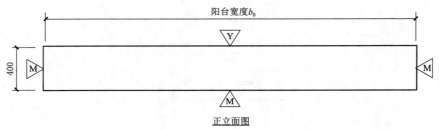

正立面图

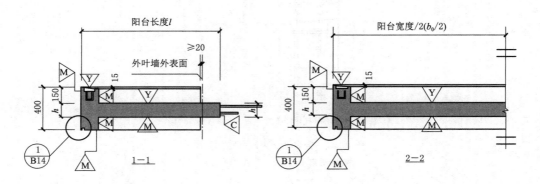

图 5.13（一） 全预制板式阳台 YTB-B-××××-04 模板图

（摘自图集 15G368-1 第 B17 页）

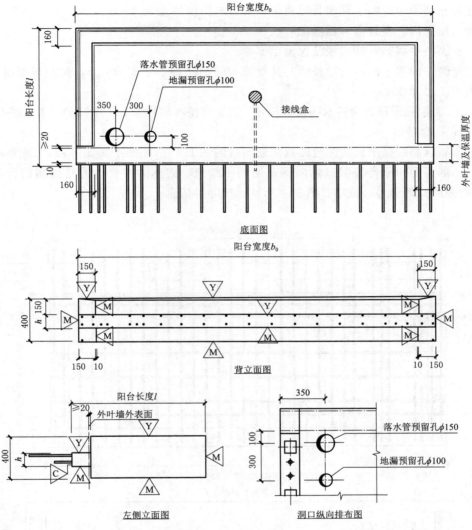

图 5.13（二） 全预制板式阳台 YTB-B-××××-04 模板图

（摘自图集 15G368-1 第 B17 页）

（1）阳台在建筑中所处的位置及所在房间开间。

（2）阳台的宽度和长度方向的尺寸。

（3）阳台排水预留孔、吊点等构造的水平位置及尺寸。

（4）阳台预制底板厚度有关尺寸；外叶墙及保温层厚度，阳台封边厚度。

（5）构件表面特征，注意事项。

全预制钢筋混凝土板式阳台模板图的识图如下：

YTB-B-××××-04 表示全预制板式阳台，阳台的宽度为 b_0，长度为 l，阳台封边的高度为 400mm。

在平面图中标明了落水管预留孔，地漏预留孔，预埋件、接线盒、吊点的构造及位置尺寸。

在正立面图中阳台封边上表面为压光面，左、右侧和下底面为模板面。

111

在背立面图中标明了预制板厚度 h、阳台封边的厚度为 150mm 以及阳台板各位置表面特征（压光面、模板面和粗糙面）。

在底面图中明确外叶墙板及保温层厚度。

在左侧立面图中阳台封边外缘与外叶墙板表面间距不小于 20mm，预制板厚度 h，封边下侧伸出尺寸 350mm。

在 1—1 剖面图可看到滴水线索引符号，表示详图在编号为 B14 图纸的①图（图 5.13）。

2. 底板配筋图

全预制钢筋混凝土板式阳台底板配筋图（图 5.14）由配筋平面图（板）、配筋平面图（封边）、剖面图和阳台板洞口纵向排布配筋图组成，表达的主要内容是预制阳台板钢筋（包含加强筋）的编号、规格、数量、形状、尺寸等信息。

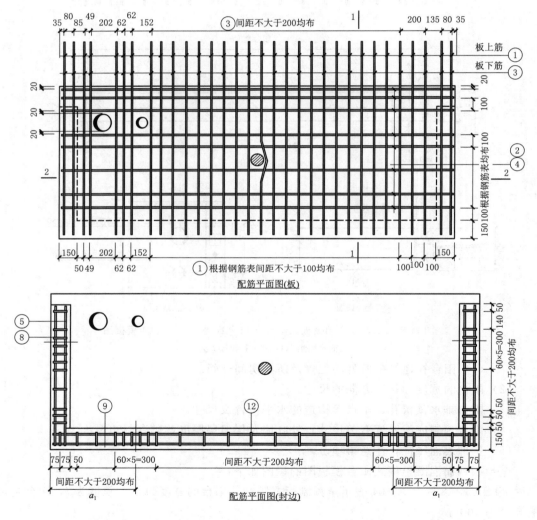

图 5.14（一）　全预制板式阳台 YTB-B-××××-04 配筋图
（摘自图集 15G368-1 第 B19 页）

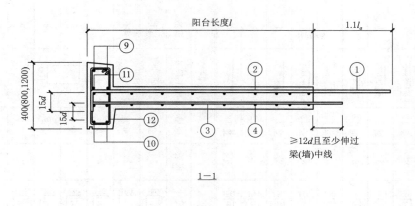

1—1

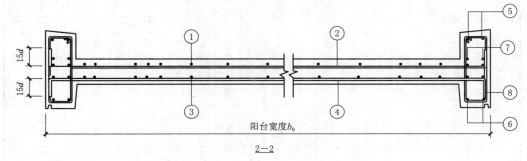

2—2

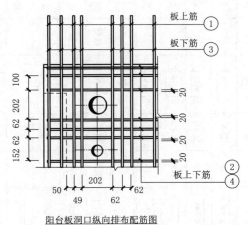

阳台板洞口纵向排布配筋图

注 1.钢筋选用表详见B20、B21、B22页。
　　2.吊点位置箍筋应加密为6⌀6@50。

图 5.14（二）　全预制板式阳台 YTB-B-××××-04 配筋图
（摘自图集 15G368-1 第 B19 页）

3. 底板配筋表

预制钢筋混凝土板式阳台底板配筋表（表5.5）主要是补充配筋图钢筋信息，包含预制阳台板钢筋（包含加强筋）的编号、名称、规格、数量、形状、尺寸、重量等信息。

表5.5　全预制板式阳台配筋表（摘自图集15G368-1第B20页）

构件编号	① 规格	① 加工尺寸	① 根数	② 规格	② 加工尺寸	② 根数	③ 规格	③ 加工尺寸	③ 根数	④ 规格	④ 加工尺寸	④ 根数	⑤ 规格	⑤ 加工尺寸	⑤ 根数
YTB-B-1024-04	Φ8	1300 / 120	25	Φ8	2330 / 120	8	Φ8	1085 / 120	18	Φ10	2330 / 150	8	Φ12	≈800 / 180	4
YTB-B-1027-04	Φ8	1300 / 120	28	Φ8	2630 / 120	8	Φ8	1085 / 120	19	Φ10	2630 / 150	8	Φ12	≈800 / 180	4
YTB-B-1030-04	Φ8	1300 / 120	31	Φ8	2930 / 120	8	Φ8	1085 / 120	21	Φ10	2930 / 150	8	Φ12	≈800 / 180	4
YTB-B-1033-04	Φ8	1300 / 120	34	Φ8	3230 / 120	8	Φ8	1085 / 120	22	Φ10	3230 / 150	8	Φ12	≈800 / 180	4
YTB-B-1036-04	Φ8	1300 / 120	36	Φ8	3530 / 120	8	Φ8	1085 / 120	24	Φ10	3530 / 150	8	Φ12	≈800 / 180	4
YTB-B-1039-04	Φ8	1300 / 120	40	Φ10	3830 / 150	8	Φ8	1085 / 120	25	Φ10	3830 / 150	8	Φ12	≈800 / 180	4
YTB-B-1042-04	Φ8	1300 / 120	43	Φ10	4130 / 150	8	Φ8	1085 / 120	27	Φ10	4130 / 150	8	Φ12	≈800 / 180	4
YTB-B-1045-04	Φ8	1300 / 120	46	Φ10	4430 / 150	8	Φ8	1085 / 120	28	Φ10	4430 / 150	8	Φ12	≈800 / 180	4

构件编号	⑥ 规格	⑥ 加工尺寸	⑥ 根数	⑧ 规格	⑧ 加工尺寸	⑧ 根数	⑨ 规格	⑨ 加工尺寸	⑨ 根数	⑩ 规格	⑩ 加工尺寸	⑩ 根数	⑫ 规格	⑫ 加工尺寸	⑫ 根数
YTB-B-1024-04	Φ12	≈800 / 180	4	Φ6	350 / 100	22	Φ12	2330 / 180	2	Φ12	2330 / 180	2	Φ6	350 / 100	21
YTB-B-1027-04	Φ12	≈800 / 180	4	Φ6	350 / 100	22	Φ12	2630 / 180	2	Φ12	2630 / 180	2	Φ6	350 / 100	23
YTB-B-1030-04	Φ12	≈800 / 180	4	Φ6	350 / 100	22	Φ12	2930 / 180	2	Φ12	2930 / 180	2	Φ6	350 / 100	25
YTB-B-1033-04	Φ12	≈800 / 180	4	Φ6	350 / 100	22	Φ12	3230 / 180	2	Φ12	3230 / 180	2	Φ6	350 / 100	26
YTB-B-1036-04	Φ12	≈800 / 180	4	Φ6	350 / 100	22	Φ12	3530 / 180	2	Φ12	3530 / 180	2	Φ6	350 / 100	28
YTB-B-1039-04	Φ12	≈800 / 180	4	Φ6	350 / 100	22	Φ12	3830 / 180	2	Φ12	3830 / 180	2	Φ6	350 / 100	29
YTB-B-1042-04	Φ12	≈800 / 180	4	Φ6	350 / 100	22	Φ12	4130 / 180	2	Φ12	4130 / 180	2	Φ6	350 / 100	31
YTB-B-1045-04	Φ12	≈800 / 180	4	Φ6	350 / 100	22	Φ12	4430 / 180	2	Φ12	4430 / 180	2	Φ6	350 / 100	32

全预制钢筋混凝土板式阳台 YTB-B-××××-04 配筋图、配筋表应结合来进行，以 YTB-B-1024-04 识读如下。

板内配筋有 10 种钢筋类型，在板段和板中各对应有剖面图，编号为 1—1，2—2。

（1）纵向板上筋（25ϕ8）：配筋平面图（板）中钢筋编号为①，1 号钢筋在板中不大于 100mm 等间距排布，并且在阳台落水管预留孔、地漏预留宽度 202mm 和 152mm，两侧适当加密。

（2）上层板纵向排布筋（8ϕ8）：配筋平面图（板）中钢筋编号为②，在板中不大于 100mm 等间距排布，并且在阳台落水管预留孔、地漏预留宽度，板跨中位置钢筋排布可参照阳台板洞口配筋图。

（3）下层板纵向排布筋（8ϕ10）：配筋平面图（板）中钢筋编号为④，排布同②号筋。

（4）纵向板下筋（18ϕ8）：配筋平面图（板）中钢筋编号为③，排布信息同①号筋。

（5）板侧面封边顶部钢筋（4ϕ12）：2—2 剖面中钢筋编号为⑤。

（6）板侧面封边底部钢筋（4ϕ12）：2—2 剖面中钢筋编号为⑥。

（7）板侧面封边箍筋（22ϕ6）：2—2 剖面中钢筋编号为⑧。

（8）封边顶部钢筋（2ϕ12）：1—1 剖面中钢筋编号为⑨。

（9）板侧面封边底部钢筋（2ϕ12）：1—1 剖面中钢筋编号为⑩。

（10）板侧面封边箍筋（19ϕ6）：1—1 剖面中钢筋编号为⑫。

注：2—2 剖面图中⑦号钢筋和 1—1 剖面图中⑪号钢筋，均为板侧面封边腰部钢筋。适用于 YTB-B-××××-08 和 YTB-B-××××-12。而 YTB-D-××××-04 封闭高度较低，不需要设置。

4. 节点详图

预制钢筋混凝土板式阳台节点详图由阳台板与主体结构安装平面图（图 5.4）、与主体结构节点连接详图（图 5.7）2 个部分组成。在本项目 5.2，5.3 已具体介绍。

本 章 小 结

预制阳台作为装配式混凝土建筑中的附属构件构是比较重要的部分，本章首先介绍了预制阳台的分类、构造及连接处构造，预制阳台有叠合式（半预制）和全预制式两种类型。叠合式阳台又可分为叠合式阳台、全预制板式阳台、全预制梁式阳台。并进行了预制叠合板式阳台模板图和钢筋图的识读训练，要求学生掌握预制阳台的编号方法、制图规则、能够明确构件各组成部分的基本尺寸和配筋情况。

附录1 课后习题答案

项目1

一、选择题

1. A   2. C   3. B   4. D   5. C

6. C   7. C   8. C   9. B   10. ABE

二、判断题

1. ×   2. ×   3. √   4. √

项目2

一、单项选择题

1. A   2. B   3. C   4. A   5. B

6. D   7. A   8. A

二、多项选择题

1. BE   2. ABCE   3. ABCDE   4. ABCDE   5. ABC

6. ABDE   7. AB   8. ACD

项目3

一、单项选择题

1. B   2. B   3. C   4. B   5. B

6. A   7. D   8. A

二、多项选择题

1. ACE   2. ACD   3. ABCD   4. AB   5. ABCDE

6. DE   7. BCDE   8. BCD   9. ABCE

项目4

1. C   2. B   3. D   4. A   5. B

6. D   7. CE   8. ACD   9. ABC

附　录　2

附表 2-1　受拉钢筋基本锚固长度 l_{ab}、l_{abE}

（摘自图集 16G101-1 第 13 页）

受拉钢筋基本锚固长度 l_{ab}、l_{abE}

钢筋种类	抗震等级	混凝土强度等级									
		C25	C30	C35	C40	C45	C50	C55	C60
HPB300	一、二级（l_{abE}）	$39d$	$35d$	$32d$	$29d$	$28d$	$26d$	$25d$	$24d$
	三级（l_{abE}）	$36d$	$32d$	$29d$	$26d$	$25d$	$24d$	$23d$	$22d$
	四级（l_{abE}）、非抗震（l_{ab}）	$34d$	$30d$	$28d$	$25d$	$24d$	$23d$	$22d$	$21d$
HRB335	一、二级（l_{abE}）	$38d$	$33d$	$31d$	$29d$	$26d$	$25d$	$24d$	$24d$
HRBF335	三级（l_{abE}）	$35d$	$31d$	$28d$	$26d$	$24d$	$23d$	$22d$	$22d$
	四级（l_{abE}）、非抗震（l_{ab}）	$33d$	$29d$	$27d$	$25d$	$23d$	$22d$	$21d$	$21d$
HRB400	一、二级（l_{abE}）	$46d$	$40d$	$37d$	$33d$	$32d$	$31d$	$30d$	$29d$
HRBF400	三级（l_{abE}）	$42d$	$37d$	$34d$	$30d$	$29d$	$28d$	$27d$	$26d$
RRB400	四级（l_{abE}）、非抗震（l_{ab}）	$40d$	$35d$	$32d$	$29d$	$28d$	$27d$	$26d$	$25d$
HRB500	一、二级（l_{abE}）	$55d$	$49d$	$45d$	$41d$	$39d$	$37d$	$36d$	$35d$
HRBF500	三级（l_{abE}）	$50d$	$45d$	$41d$	$38d$	$36d$	$34d$	$33d$	$32d$
	四级（l_{abE}）、非抗震（l_{ab}）	$48d$	$43d$	$39d$	$36d$	$34d$	$32d$	$31d$	$30d$

注：当锚固钢筋的保护层厚度不大于 $5d$ 时，锚固钢筋长度范围内应设置横向构造钢筋，墙等构件不应大于 $10d$，且其直径不应小于 $d/4$（d 为锚固钢筋的最大直径；
对梁、柱等构件间距不应大于 $5d$，对板、墙等构件间距不应大于 $10d$（d 为锚固钢筋的最小直径），且均不应大于 $100mm$。

附表 2-2 受拉钢筋锚固长度 l_a、l_{aE}

（摘自图集 16G101-1 第 58 页）

受拉钢筋锚固长度 l_a

钢筋种类	C20	C25		C30		C35		C40		C45		C50		C55		>C60	
	d≤25	d≤25	d>25	d≤25	d>25	d≤25	d>25	d≤25	d>25	d≤25	d>25	d≤25	d>25	d≤25	d>25	d≤25	d>25
HPB300	39d	34d	—	30d	—	28d	—	25d	—	24d	—	23d	—	22d	—	21d	—
HRB335、HRBF335	38d	33d	—	29d	—	27d	—	25d	—	23d	—	22d	—	21d	—	21d	—
HRB400、HRBF400、RRB400	—	40d	44d	35d	39d	32d	35d	29d	32d	28d	31d	27d	30d	26d	29d	25d	28d
HRB500、HRBF500	—	48d	53d	43d	47d	39d	43d	36d	40d	34d	37d	32d	35d	31d	34d	30d	33d

受拉钢筋抗震锚固长度 l_{aE}

钢筋种类及抗震等级		C20	C25		C30		C35		C40		C45		C50		C55		>C60	
		d≤25	d≤25	d>25	d≤25	d>25	d≤25	d>25	d≤25	d>25	d≤25	d>25	d≤25	d>25	d≤25	d>25	d≤25	d>25
HPB300	一、二级	45d	39d	—	35d	—	32d	—	29d	—	28d	—	26d	—	25d	—	24d	—
HPB300	三级	41d	36d	—	32d	—	29d	—	26d	—	25d	—	24d	—	23d	—	22d	—
HRB335、HRBF335	一、二级	44d	38d	—	33d	—	31d	—	29d	—	26d	—	25d	—	24d	—	24d	—
HRB335、HRBF335	三级	40d	35d	—	30d	—	28d	—	26d	—	24d	—	23d	—	22d	—	22d	—
HRB400、HRBF400	一、二级	—	46d	51d	40d	45d	37d	40d	33d	37d	32d	36d	31d	35d	30d	33d	29d	32d
HRB400、HRBF400	三级	—	42d	46d	37d	41d	34d	37d	30d	34d	29d	33d	28d	32d	27d	30d	26d	29d
HRB500、HRBF500	一、二级	—	55d	61d	49d	54d	45d	49d	41d	46d	39d	43d	37d	40d	36d	39d	35d	38d
HRB500、HRBF500	三级	—	50d	56d	45d	49d	41d	45d	38d	42d	36d	39d	34d	37d	33d	36d	32d	35d

注：1. 当为环氧树脂涂层带肋钢筋时，表中数据尚应乘以 1.25。

2. 当纵向受拉钢筋在施工过程中易受扰动时，表中数据尚应乘以 1.1。

3. 当纵向受拉钢筋锚固长度范围内钢筋周边保护层厚度为 3d、5d（d 为锚固钢筋的直径）时，表中数据可分别乘以 0.8、0.7；中间时按内插值。

4. 当纵向受拉普通钢筋锚固长度修正系数（注 1～注 3）多于一项时，可按连乘计算。

5. 受拉钢筋的锚固长度 l_a、l_{aE} 计算值不应小于 200。

6. 四级抗震时，$l_{aE}=l_a$。

7. 当锚固钢筋的保护层厚度不大于 5d 时，锚固钢筋长度范围内应设置横向构造钢筋，其直径不应小于 d/4（d 为锚固钢筋的最大直径）；对梁、柱等构件间距不应大于 5d，对板、墙等构件间距不应大于 10d，且均不应大于 100（d 为锚固钢筋的最小直径）。

附表 2-3 纵向受拉钢筋搭接长度 l_l

（摘自图集 16G101-1 第 60 页）

纵向受拉钢筋搭接长度 l_l

钢筋种类及同一区段内搭接钢筋面积百分率		混凝土强度等级															
		C20	C25		C30		C35		C40		C45		C50		C55		C60	
		$d{\le}25$	$d{\le}25$	$d{>}25$	$d{\le}25$	$d{>}25$	$d{\le}25$	$d{>}25$	$d{\le}25$	$d{>}25$	$d{\le}25$	$d{>}25$	$d{\le}25$	$d{>}25$	$d{\le}25$	$d{>}25$	$d{\le}25$	$d{>}25$
HPB300	≤25%	47d	41d	—	36d	—	34d	—	30d	—	29d	—	28d	—	26d	—	25d	—
	50%	55d	48d	—	42d	—	39d	—	35d	—	34d	—	32d	—	31d	—	29d	—
	100%	62d	54d	—	48d	—	45d	—	40d	—	38d	—	37d	—	35d	—	34d	—
HRB335 HRBF335	≤25%	46d	40d	—	35d	—	32d	—	30d	—	28d	—	26d	—	25d	—	25d	—
	50%	53d	46d	—	41d	—	38d	—	35d	—	32d	—	31d	—	29d	—	29d	—
	100%	61d	53d	—	46d	—	43d	—	40d	—	37d	—	35d	—	34d	—	34d	—
HRB400 HRBF400 RRB400	≤25%	48d	48d	53d	42d	47d	38d	42d	35d	38d	34d	37d	32d	36d	31d	35d	30d	34d
	50%	56d	56d	62d	49d	55d	45d	49d	41d	45d	39d	43d	38d	42d	36d	41d	35d	39d
	100%	64d	64d	70d	56d	62d	51d	56d	46d	51d	45d	50d	43d	48d	42d	46d	40d	45d
HRB500 HRBF500	≤25%	58d	58d	64d	52d	56d	47d	52d	43d	48d	41d	44d	38d	42d	37d	41d	36d	40d
	50%	67d	67d	74d	60d	66d	55d	60d	50d	56d	48d	52d	45d	49d	43d	48d	42d	46d
	100%	77d	77d	85d	69d	75d	62d	69d	58d	64d	54d	59d	51d	56d	50d	54d	48d	53d

注：1. 表中数值为纵向受拉钢筋绑扎搭接接头的搭接长度。

2. 两根不同直径钢筋搭接时，表中 d 取较细钢筋直径。

3. 当为环氧树脂涂层带肋钢筋时，表中数据尚应乘以 1.25。

4. 当纵向受拉钢筋在施工过程中易受扰动时，表中数据尚应乘以 1.1。

5. 当搭接长度范围内纵向受力钢筋周边保护层厚度为 $3d$、$5d$（d 为搭接钢筋的直径）时，表中数据可分别乘以 0.8、0.7；中间时按内插值。

6. 当上述修正系数（注 3～注 5）多于一项时，可按连乘计算。

7. 任何情况下，搭接长度不应小于 300。

附表 2-4 纵向受拉钢筋搭接长度 l_{aE}
（摘自图集 16G101-1 第 61 页）

纵向受拉钢筋抗震搭接长度 l_{lE}

钢筋种类及同一区段内搭接钢筋面积百分率			C20	C25		C30		C35		C40		C45		C50		C55		C60	
			混凝土强度等级																
			$d{\le}25$	$d{\le}25$	$d{>}25$	$d{\le}25$	$d{>}25$	$d{\le}25$	$d{>}25$	$d{\le}25$	$d{>}25$	$d{\le}25$	$d{>}25$	$d{\le}25$	$d{>}25$	$d{\le}25$	$d{>}25$	$d{\le}25$	$d{>}25$
一、二级抗震等级	HPB300	≤25%	54d	47d	—	42d	—	38d	—	35d	—	34d	—	31d	—	30d	—	29d	—
		50%	63d	55d	—	49d	—	45d	—	41d	—	39d	—	36d	—	35d	—	34d	—
	HRB335 HRBF335	≤25%	53d	46d	—	40d	—	37d	—	35d	—	31d	—	30d	—	29d	—	29d	—
		50%	62d	53d	—	46d	—	43d	—	41d	—	36d	—	35d	—	34d	—	34d	—
	HRB400 HRBF400	≤25%	—	55d	61d	48d	54d	44d	48d	40d	44d	38d	43d	37d	42d	36d	40d	35d	38d
		50%	—	64d	71d	56d	63d	52d	56d	46d	52d	45d	50d	43d	49d	42d	46d	41d	45d
	HRB500 HRBF500	≤25%	—	66d	73d	59d	65d	54d	59d	49d	55d	47d	52d	44d	48d	43d	47d	42d	46d
		50%	—	77d	85d	69d	76d	63d	69d	57d	64d	55d	60d	52d	56d	50d	55d	49d	53d
三级抗震等级	HPB300	≤25%	49d	43d	—	38d	—	35d	—	31d	—	30d	—	29d	—	28d	—	26d	—
		50%	57d	50d	—	45d	—	41d	—	36d	—	35d	—	34d	—	32d	—	31d	—
	HRB335 HRBF335	≤25%	48d	42d	—	36d	—	34d	—	31d	—	29d	—	28d	—	26d	—	26d	—
		50%	56d	49d	—	42d	—	39d	—	36d	—	34d	—	32d	—	31d	—	31d	—
	HRB400 HRBF400	≤25%	—	50d	55d	44d	49d	41d	44d	36d	41d	35d	40d	34d	38d	32d	36d	31d	35d
		50%	—	59d	64d	52d	57d	48d	52d	42d	48d	41d	46d	39d	45d	38d	42d	36d	41d
	HRB500 HRBF500	≤25%	—	60d	67d	54d	59d	49d	54d	46d	50d	43d	47d	41d	44d	40d	43d	38d	42d
		50%	—	70d	78d	63d	69d	57d	63d	53d	59d	50d	55d	48d	52d	46d	50d	45d	49d

注：1. 表中数值为纵向受拉钢筋绑扎搭接接头的搭接长度。
2. 两根不同直径钢筋搭接时，表中 d 取较细钢筋直径。
3. 当为环氧树脂涂层带肋钢筋时，表中数据尚应乘以 1.25。
4. 当纵向受拉钢筋在施工过程中易受扰动时，表中数据尚应乘以 1.1。
5. 当搭接长度范围内纵向受力钢筋周边保护层厚度为 3d、5d（d 为搭接钢筋的直径）时，表中数据尚可分别乘以 0.8、0.7；中间时按内插值。
6. 当上述修正系数（注 3～注 5）多于一项时，可按连乘计算。
7. 任何情况下，搭接长度不应小于 300。
8. 四级抗震等级，$l_{lE} = l_l$。

附表 2-5 混凝土结构环境类别

（摘自图集 16G101-1 第 56 页）

环 境 类 别	条 件
一	室内干燥环境； 无侵蚀性静水浸没环境
二 a	室内潮湿环境； 非严寒和非寒冷地区的露天环境； 非严寒和非寒冷地区与无侵蚀性的水或土壤直接接触的环境； 严寒和寒冷地区的冰冻线以下与无侵蚀性的水或土壤直接接触的环境
二 b	干湿交替环境； 水位频繁变动环境； 严寒和寒冷地区的露天环境； 严寒和寒冷地区冰冻线以上与无侵蚀性的水或土壤直接接触的环境
三 a	严寒和寒冷地区冬季水位变动区环境； 受除冰盐影响环境； 海风环境
三 b	盐渍土环境； 受除冰盐作用环境； 海岸环境
四	海水环境
五	受人为或自然的侵蚀性物质影响的环境

注：1. 室内潮湿环境是指构件表面经常处于结露或湿润状态的环境。
2. 严寒和寒冷地区的划分应符合现行国家标准《民用建筑热工设计规范》（GB 50176—2016）的有关规定。
3. 海岸环境和海风环境宜根据当地情况，考虑主导风向及结构所处迎风、背风部位等因素，由调查研究和工程经验确定。
4. 受除冰盐影响环境是指受到除冰盐盐雾影响的环境；受除冰盐作用环境是指被除冰盐溶液溅射的环境以及使用除冰盐的洗车房、停车楼等建筑。
5. 暴露的环境是指混凝土结构表面所处的环境。

附表 2-6 混凝土保护层的最小厚度

（摘自图集 16G101-1 第 56 页）

环境类别	板、墙/mm	梁、柱/mm
一	15	20
二 a	20	25
二 b	25	35
三 a	30	40
三 b	40	50

注：1. 表中混凝土保护层厚度指最外层钢筋外边缘至混凝土表面的距离，适用于设计使用年限为 50 年的混凝土结构。
2. 构件受力钢筋的保护层厚度不应小于钢筋的公称直径。
3. 设计使用年限为 100 年的混凝土结构，一类环境中，最外层钢筋的保护层厚度不应小于表中数值的 1.4 倍；二、三类环境，应采取专门的有效措施。
4. 对采用工厂化生产的预制构件，当有充分依据时，可适当减少混凝土保护层的厚度。
5. 当梁、柱、墙中纵向受力钢筋的保护层厚度大于 50mm 时，宜对保护层混凝土采取有效的构造措施进行拉结，防止混凝土开裂剥落、下坠。

参 考 文 献

[1] 住房和城乡建设部. 装配式混凝土建筑技术标准：GB/T 51231—2016 [S]. 北京：中国建筑工业出版社，2017.

[2] 住房和城乡建设部. 装配式混凝土结构技术规程：JGJ 1—2014 [S]. 北京：中国建筑工业出版社，2014.

[3] 住房和城乡建设部. 混凝土结构设计规范：GB 50010—2010 [S]. 北京：中国建筑工业出版社，2016.

[4] 中国建筑标准设计研究院. 装配式混凝土结构表示方法及示例（剪力墙结构）：15G107 - 1 [S]. 北京：中国计划出版社，2015.

[5] 中国建筑标准设计研究院. 装配式混凝土结构住宅建筑设计示例（剪力墙结构）：15J939 - 1 [S]. 北京：中国计划出版社，2015.

[6] 中国建筑标准设计研究院. 装配式混凝土连接节点构造：15G310 - 1 [S]. 北京：中国计划出版社，2015.

[7] 中国建筑标准设计研究院. 装配式混凝土连接节点构造：15G310 - 2 [S]. 北京：中国计划出版社，2015.

[8] 中国建筑标准设计研究院. 预制混凝土剪力墙外墙板：15G365 - 1 [S]. 北京：中国计划出版社，2015.

[9] 中国建筑标准设计研究院. 预制混凝土剪力墙内墙板：15G365 - 2 [S]. 北京：中国计划出版社，2015.

[10] 中国建筑标准设计研究院. 桁架钢筋混凝土叠合板（60mm 厚底板）：15G366 - 1 [S]. 北京：中国计划出版社，2015.

[11] 中国建筑标准设计研究院. 预制钢筋混凝土板式楼梯：15G367 - 1 [S]. 北京：中国计划出版社，2015.

[12] 中国建筑标准设计研究院. 预制钢筋混凝土阳台板、空调板及女儿墙：15G368 - 1 [S]. 北京：中国计划出版社，2015.

[13] 中国建筑标准设计研究院. 混凝土结构施工图平面整体表示方法制图规则和构造详图（现浇混凝土框架、剪力墙、梁、板）：16G101 - 1 [S]. 北京：中国建筑工业出版社，2016.

[14] 王刚，司振民. 装配式混凝土结构识图 [M]. 北京：中国建筑工业出版社，2019.

[15] 钟振宇，那丽岩. 装配式混凝土建筑构造 [M]. 北京：科学出版社，2018.

[16] 张建荣，郑晟. 装配式混凝土建筑识图与构造 [M]. 上海：上海交通大学出版社，2017.

[17] 郭学明. 装配式混凝土建筑构造与设计 [M]. 北京：机械工业出版社，2018.